中国—澳大利亚（重庆）职业教育与培训项目
中等职业教育工业与民用建筑专业系列教材

建筑制图与识图习题集

主　　编　王显谊
副 主 编　周利国
参　　编　喻权坚　杨　炜

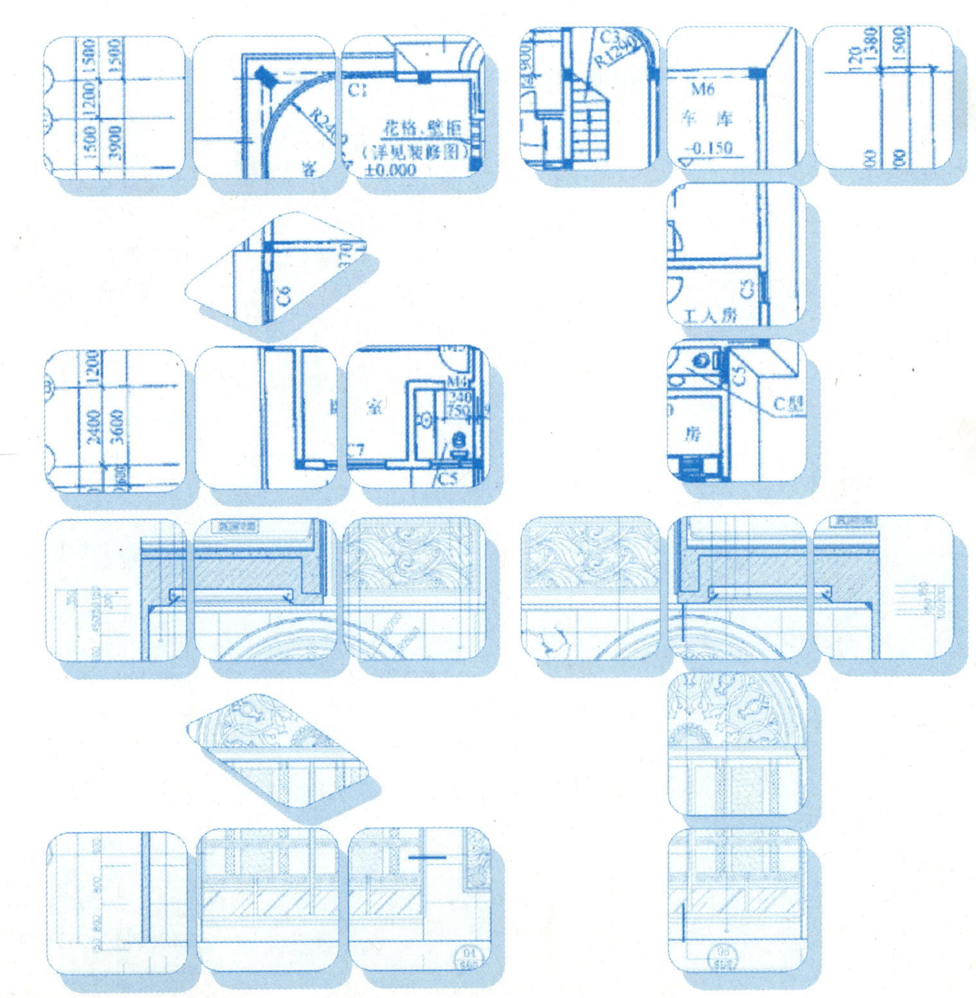

重庆大学出版社

内容提要

本习题集是根据中等职业学校工业与民用建筑专业建筑制图与识图课程的教学要求编写的，与《建筑制图与识图》教材配合使用。主要内容包括：字体及线型练习、投影的基本知识、建筑施工图、结构施工图、给水排水施工图和AutoCAD绘图技术。

本习题集适合中等职业教育工业与民用建筑专业使用，也可供相关工程技术人员参考或自学。

图书在版编目(CIP)数据

建筑制图与识图习题集/王显谊主编.—重庆：重庆大学出版社，2011.8(2018.9重印)
中等职业教育工业与民用建筑专业系列教材
ISBN 978-7-5624-5994-1

Ⅰ.①建… Ⅱ.①王… Ⅲ.①建筑制图—识图法—专业学校—习题 Ⅳ.①TU204-44

中国版本图书馆CIP数据核字(2011)第027371号

中等职业教育工业与民用建筑专业系列教材
建筑制图与识图习题集
主　编　王显谊
副主编　周利国
责任编辑：刘颖果　　版式设计：刘颖果
责任校对：贾　梅　　责任印制：张　策
*
重庆大学出版社出版发行
出版人：易树平
社址：重庆市沙坪坝区大学城西路21号
邮编：401331
电话：(023) 88617190　88617185(中小学)
传真：(023) 88617186　88617166
网址：http://www.cqup.com.cn
邮箱：fxk@cqup.com.cn (营销中心)
全国新华书店经销
重庆升光电力印务有限公司印刷
*
开本：787mm×1092mm　1/8　印张：14.75　字数：97千
2011年8月第1版　2018年9月第7次印刷
印数：18 001—20 000
ISBN 978-7-5624-5994-1　定价：25.00元

前　言

《建筑制图与识图习题集》是依据中等职业学校建筑制图与识图课程教学的基本要求和《房屋建筑制图统一标准》(GB/T 50001—2001)、平法标准图集、CAD建筑制图规范等国家标准编写而成的,并与《建筑制图与识图》教材配套使用。

本着“实用为准,够用为度”的原则,本习题集在制图方面,主要注重学生基础知识和基本技能的练习,并在教材的基础上增补了少量几何画法与同坡屋面的投影画法;在识图方面,主要注重培养学生阅读图纸的能力,特别是在结构施工图中加强了学生对平法施工图的识读练习,是本习题集的主要特点之一;AutoCAD绘图技术从基本的绘图和编辑命令运用入手,结合建筑专业制图标准和规范要求设置绘图环境,综合绘制工程图。

本习题集由王显谊任主编,周利国任副主编。参加编写的人员及分工是:重庆市城市建设管理学校周利国编写字体及线型练习、投影的基本知识;重庆市城市建设管理学校王显谊编写建筑施工图;重庆市荣昌职教中心喻权坚编写结构施工图、给水排水施工图;重庆市城市建设管理学校杨炜编写AutoCAD绘图技术。

本习题集部分插图是由大足县规划建筑设计院和重庆市教育建筑规划设计院(荣昌)提供的施工设计图,在此表示衷心的感谢!

限于编者水平有限,习题集中难免有疏漏错误之处,请读者、同行批评指正。

编　者

2011年3月

目　录

 字体练习(1)

专业		班级		姓名		学号	

横	竖	撇	捺	点	挑	钩	折

专业		班级		姓名		学号	

土木工程专业制图民用房屋建筑东南西北方向平立剖面

设计说明基础墙柱梁板楼梯框架承重结构门窗阳台雨棚散水勒脚洞沟槽材料砖

木钢筋混凝土水泥砂浆石灰室内外地坪素土夯实给排水暖通城市管网卫生设备

一二三四五六七八九十前后左右上中下防水保温隔热找平屋面油毡女儿墙软土垫层固结重锤灌浆加筋托换承载力

刚柔度弹性塑抗震液化渗流边坡稳定条分支护沉井玻璃马赛克伸缩缝道路桥梁隧涵造价管理堤坝沉降船闸预埋件

ABCDEFGHIJKLMNOPQRSTUVWXYZABCDEFGHIJK

ABCDEFGHIJKLMNOPQRSTUVWXYZABCDEFGHIJK

ABCDEFGHIJKLMNOPQRSTUVWXYZ

ABCDEFGHIJKLMNOPQRSTUVWXYZ

abcdefghijklmnopqrstuvwxyzabcd

abcdefghijklmnopqrstuvwxyzabcd

0123456789 I II III IV V VI VII VIII IX X

0123456789 I II III IV V VI VII VIII IX X

ABCDEFGHIJKLMNOPQRSTUVWXYZ ABCDEFGHIJK

ABCDEFGHIJKLMNOPQRSTUVWXYZ ABCDEFGHIJK

abcdefghijklmnopqrstuvwxyz

abcdefghijklmnopqrstuvwxyz

abcdefghijklmnopqrstuvwxyz

0123456789 I II III IV V VI VII VIII IX X

0123456789 I II III IV V VI VII VIII IX X

0123456789 *0123456789*

专业		班级		姓名		学号	

(1)补全图形。

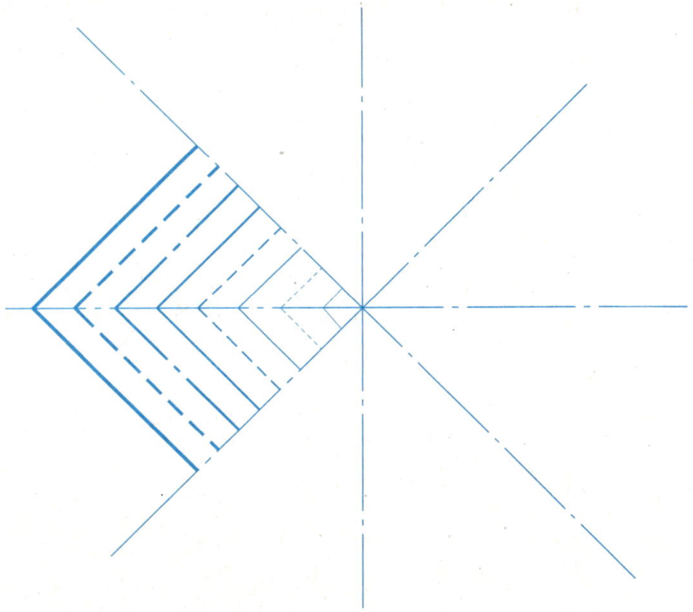

(2)补全图形。

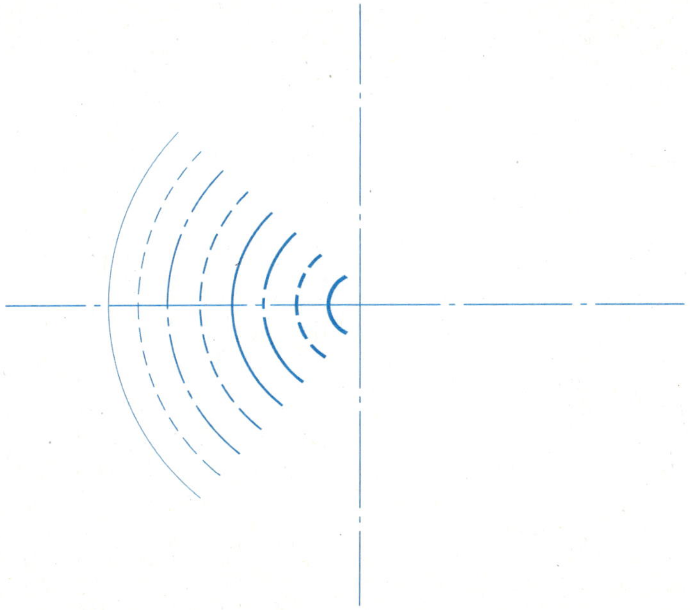

(3)作外接圆直径为 60 mm 的正七边形。

(4)已知椭圆的长轴 60 mm,短轴 40 mm,用同心圆法作近似椭圆。

专业		班级		姓名		学号	

(1)作一半径为 $R=8$ mm 的圆弧切于相交两直线 ab 及 cd。

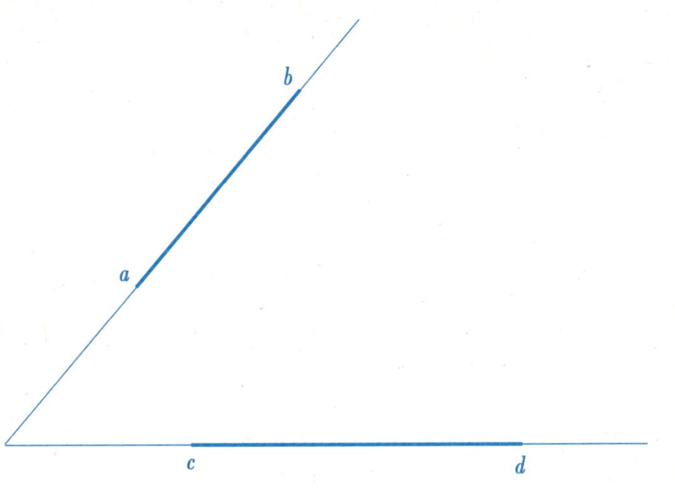

(2)作一半径为 $R=25$ mm 的圆弧外切于两已知圆 O_1 和圆 O_2。

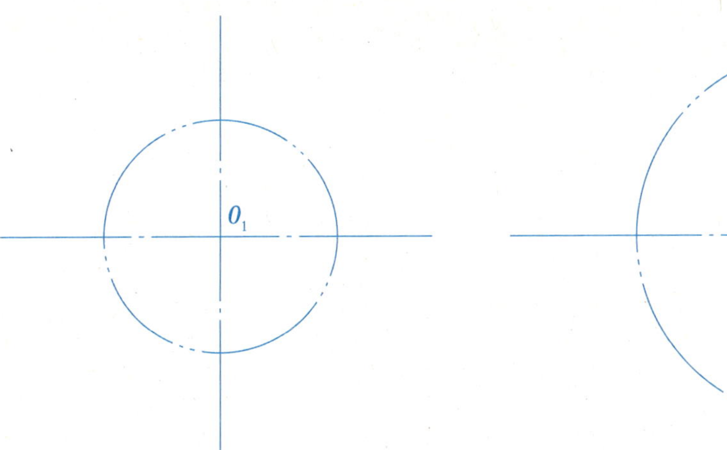

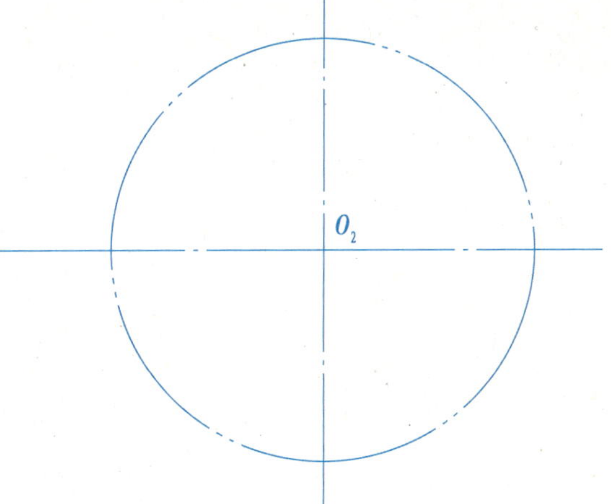

(3)作一半径为 $R=10$ mm 圆弧切于已知直线 ef 及一已知半圆 O_1。

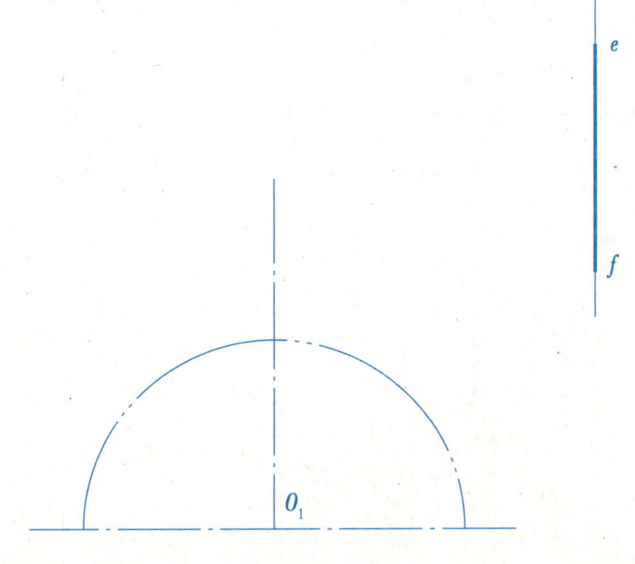

(4)作一半径为 $R=40$ mm 的圆弧内切于圆 O_1 且外切于圆 O_2。

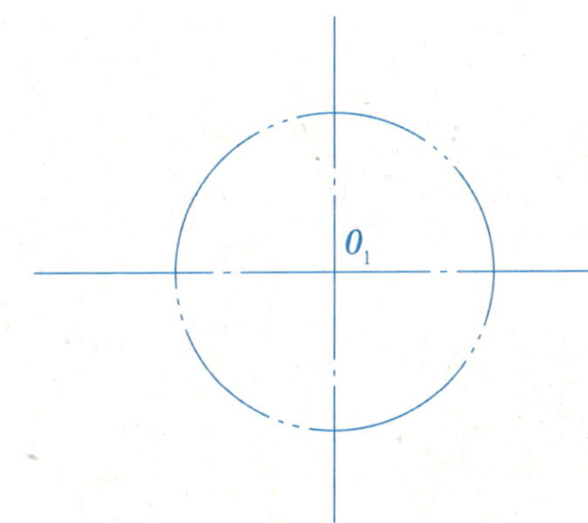

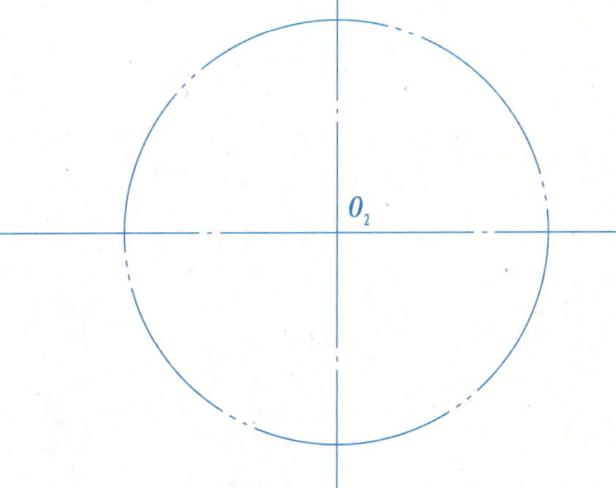

(1)根据 A、B、C 三点的立体图,画出它们的投影图。

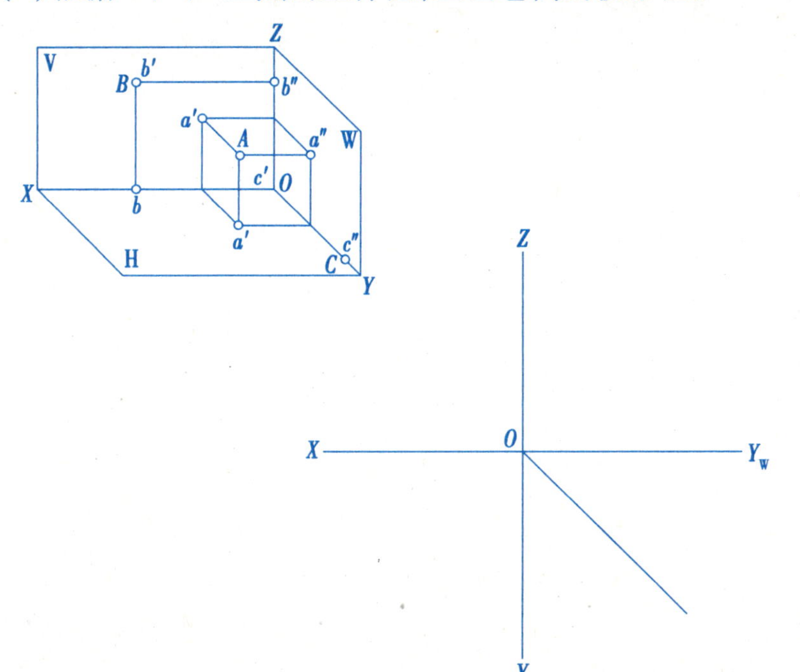

(2)作出点 $A(20,15,5)$,$B(0,10,0)$,$C(10,0,30)$ 的投影。

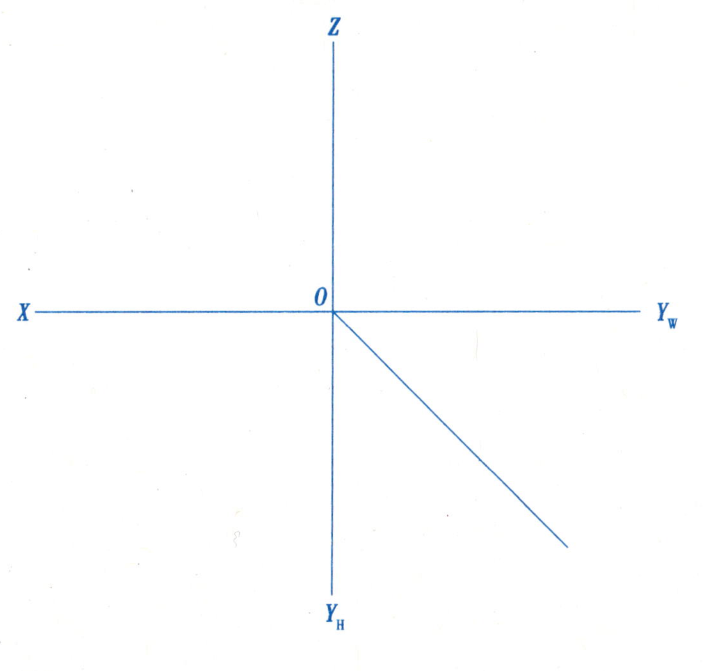

(3)已知点 A 的两面投影,设 B 点在 A 点的左方 5 mm、后方 20 mm、下方 10 mm;C 点在 B 点的右方 15 mm、前方 10 mm、下方 5 mm。作出 A、B、C 三点的三面投影。

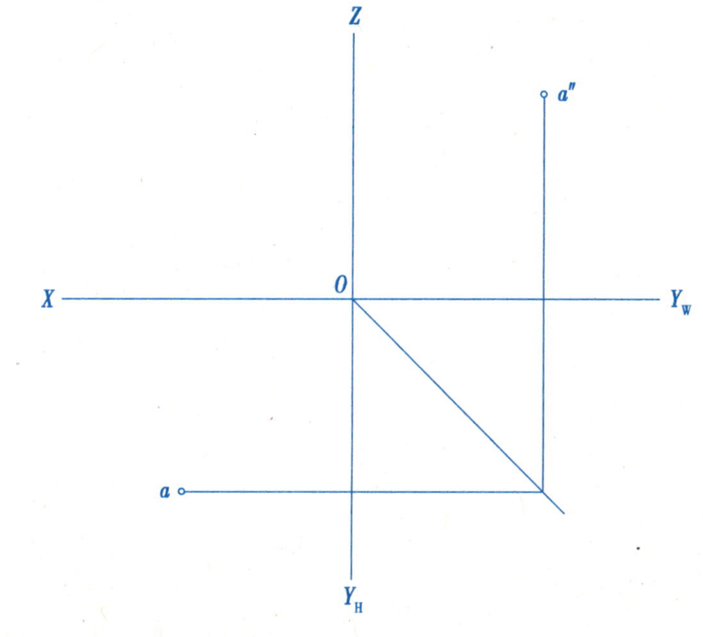

(4)已知 A 点在 H 面之上 20 mm,B 点在 V 面之前 25 mm,C 点在 W 面之左 15 mm,补全诸点的三面投影。

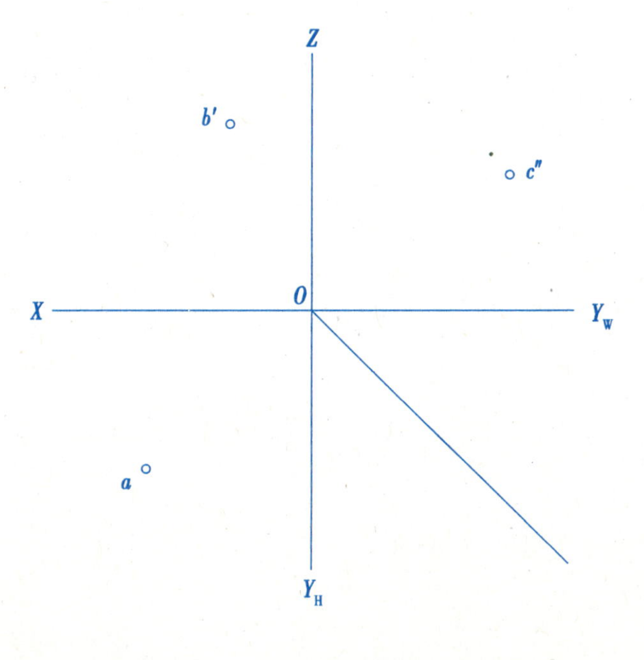

(5)已知特殊点的两个投影,求第三个投影,并指出它们在哪两个投影面或投影轴上。

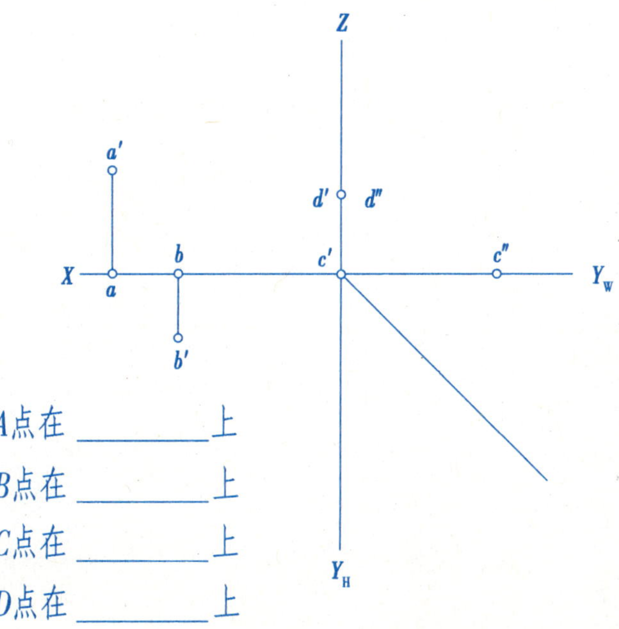

A点在 ________ 上

B点在 ________ 上

C点在 ________ 上

D点在 ________ 上

(6)根据形体投影图上点的投影,判断指定两点的相对位置,并标注各点在立体图上的位置。

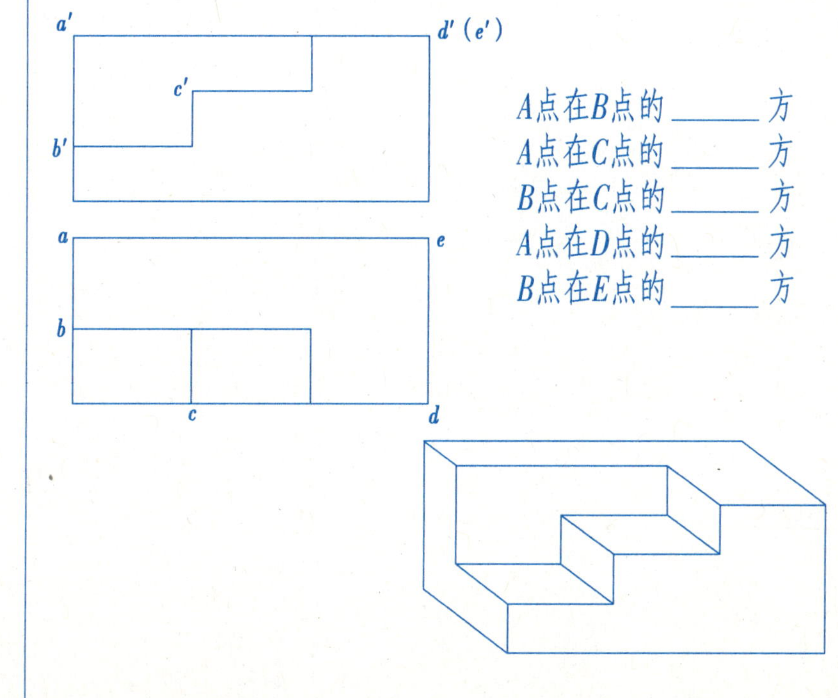

A点在B点的 ______ 方

A点在C点的 ______ 方

B点在C点的 ______ 方

A点在D点的 ______ 方

B点在E点的 ______ 方

补作直线 *AB* 的第三投影，并在括号内写出直线的位置名称。

(1)

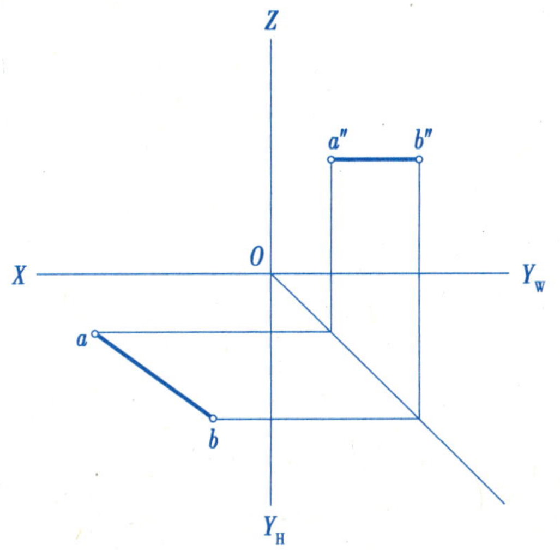

Z
a″ b″
X O Y_W
a
b
Y_H

(　　　　　)

(2)

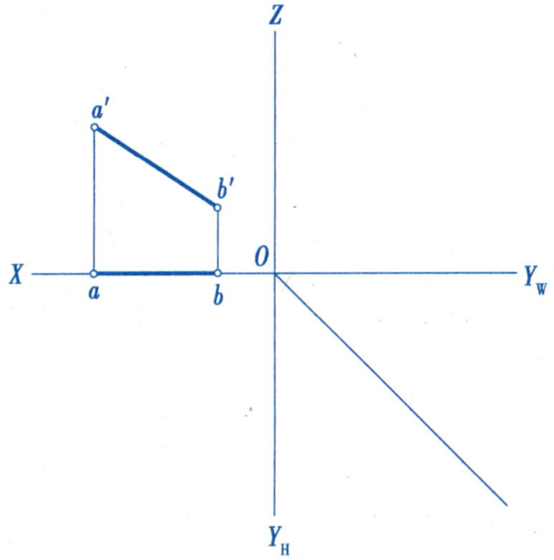

Z
a′
b′
X O Y_W
a b
Y_H

(　　　　　)

(3)

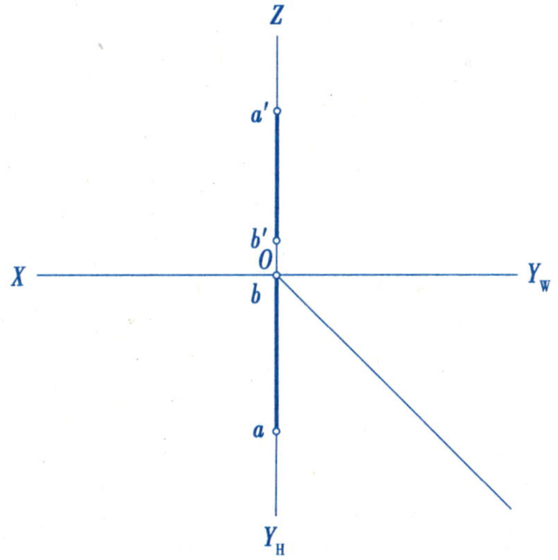

Z
a′
b′
X O Y_W
b
a
Y_H

(　　　　　)

(4)

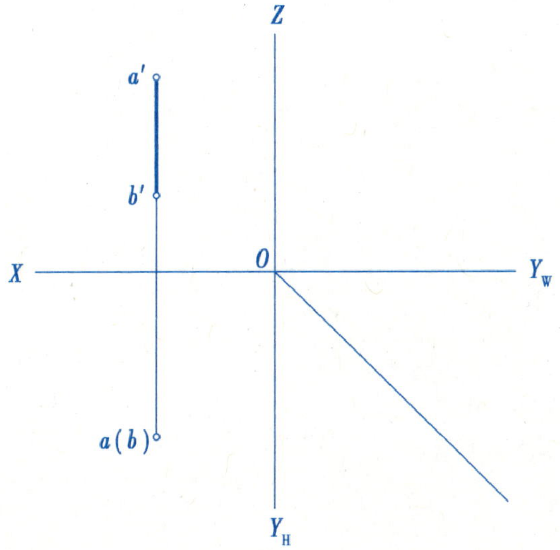

Z
a′
b′
X O Y_W
a(b)
Y_H

(　　　　　)

(5)

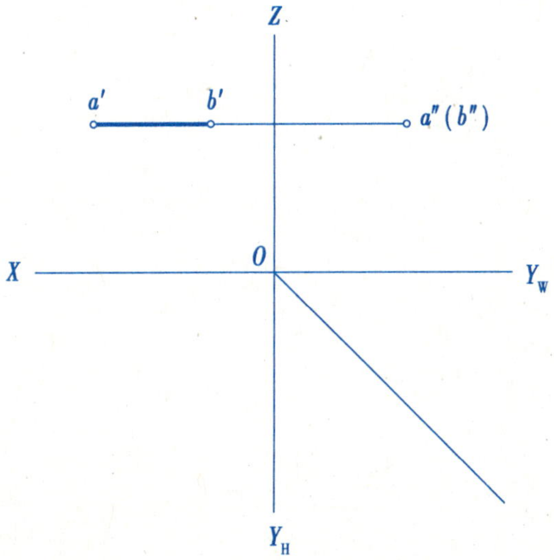

Z
a′ b′ a″(b″)
X O Y_W
Y_H

(　　　　　)

(6)

Z
a′(b′) O
X Y_W
b
a
Y_H

(　　　　　)

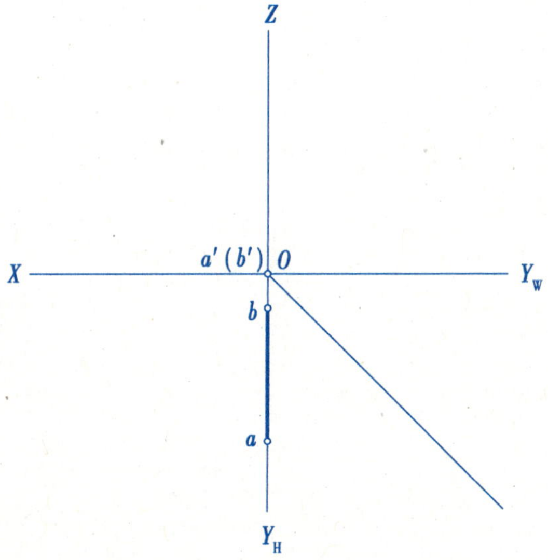

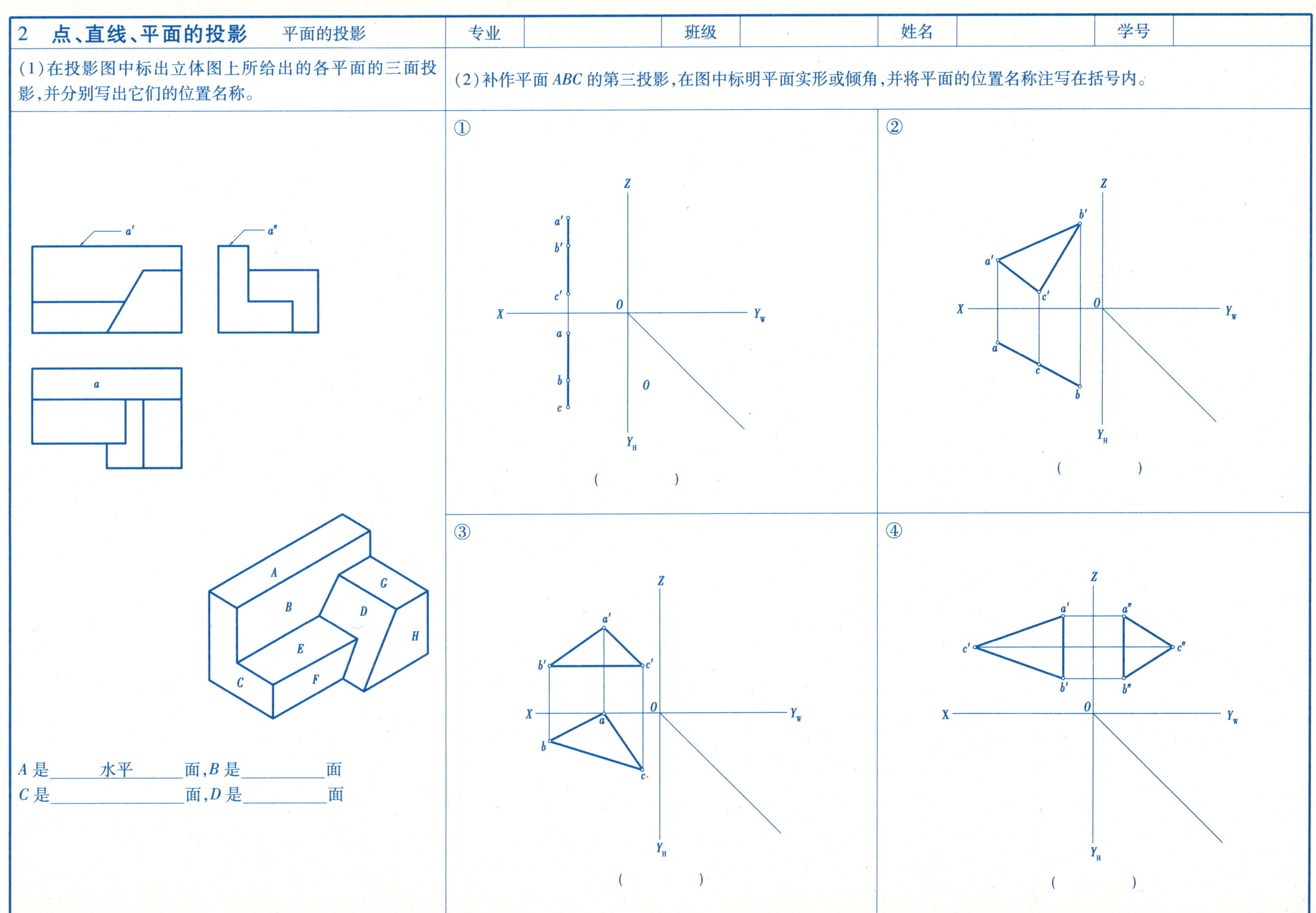
2 点、直线、平面的投影 平面的投影
专业
班级
姓名
学号
(1)在投影图中标出立体图上所给出的各平面的三面投影,并分别写出它们的位置名称。
(2)补作平面 ABC 的第三投影,在图中标明平面实形或倾角,并将平面的位置名称注写在括号内。
①
②
③
④
A 是______水平______面,B 是__________面
C 是__________面,D 是__________面
( )
( )
( )
( )

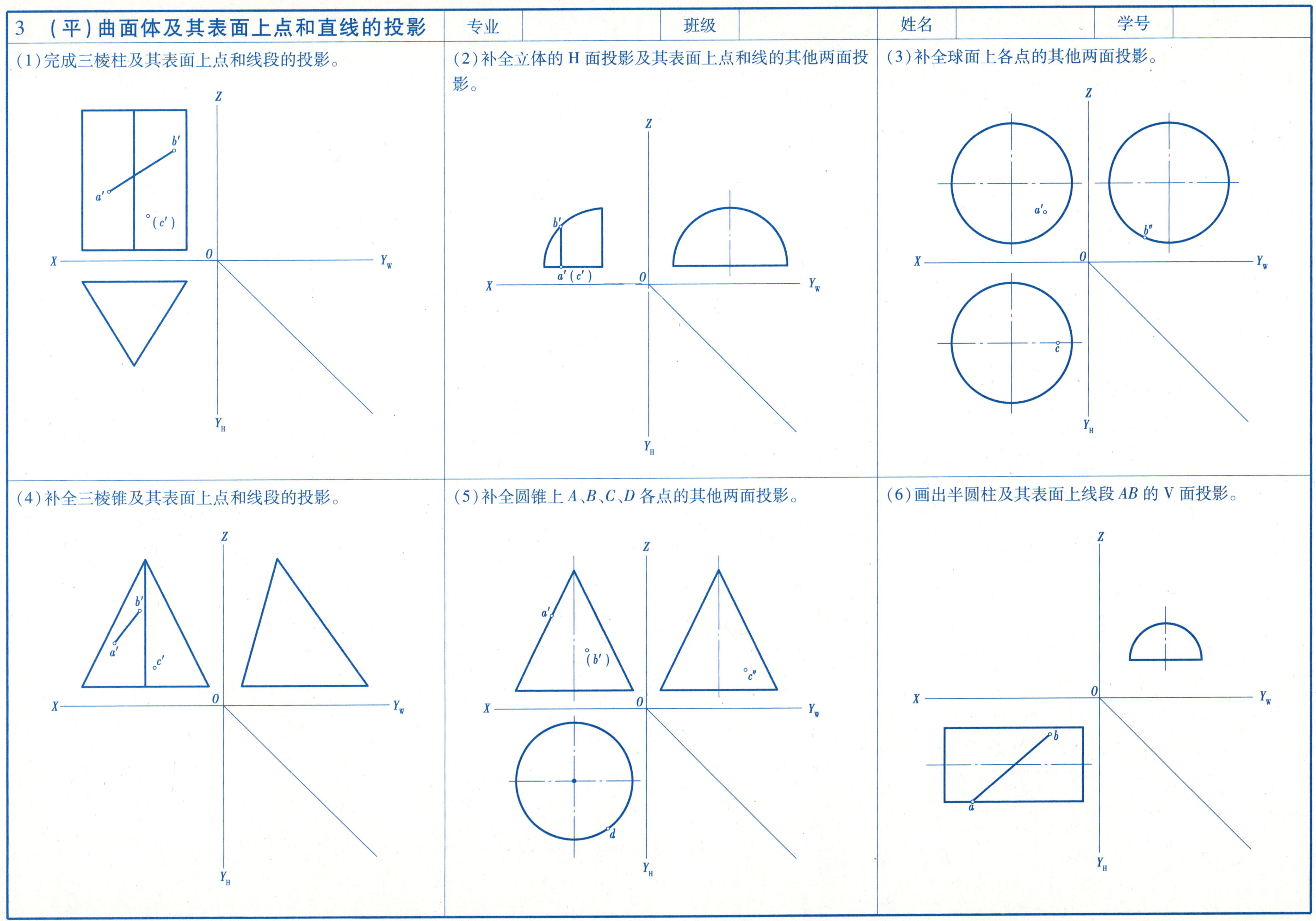
3 （平）曲面体及其表面上点和直线的投影
专业
班级
姓名
学号
(1)完成三棱柱及其表面上点和线段的投影。
(2)补全立体的 H 面投影及其表面上点和线的其他两面投影。
(3)补全球面上各点的其他两面投影。
(4)补全三棱锥及其表面上点和线段的投影。
(5)补全圆锥上 A、B、C、D 各点的其他两面投影。
(6)画出半圆柱及其表面上线段 AB 的 V 面投影。
Z
X
O
Y_W
Y_H
a′
b′
(c′)
a′(c′)
b″
c
c″
(b′)
d
a
b

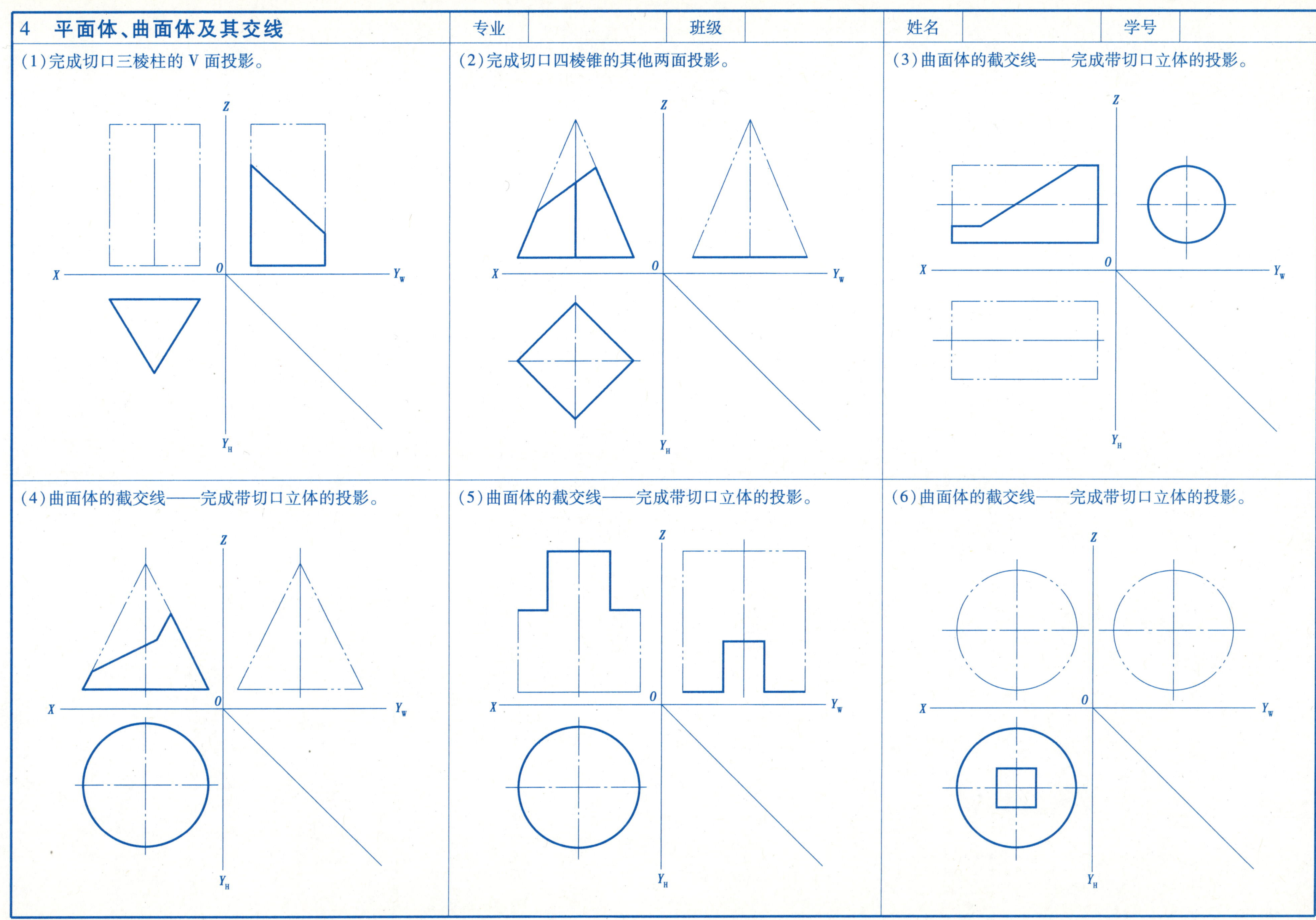
4 平面体、曲面体及其交线
专业
班级
姓名
学号
(1)完成切口三棱柱的 V 面投影。
(2)完成切口四棱锥的其他两面投影。
(3)曲面体的截交线——完成带切口立体的投影。
(4)曲面体的截交线——完成带切口立体的投影。
(5)曲面体的截交线——完成带切口立体的投影。
(6)曲面体的截交线——完成带切口立体的投影。
Z
X
O
Y_W
Y_H

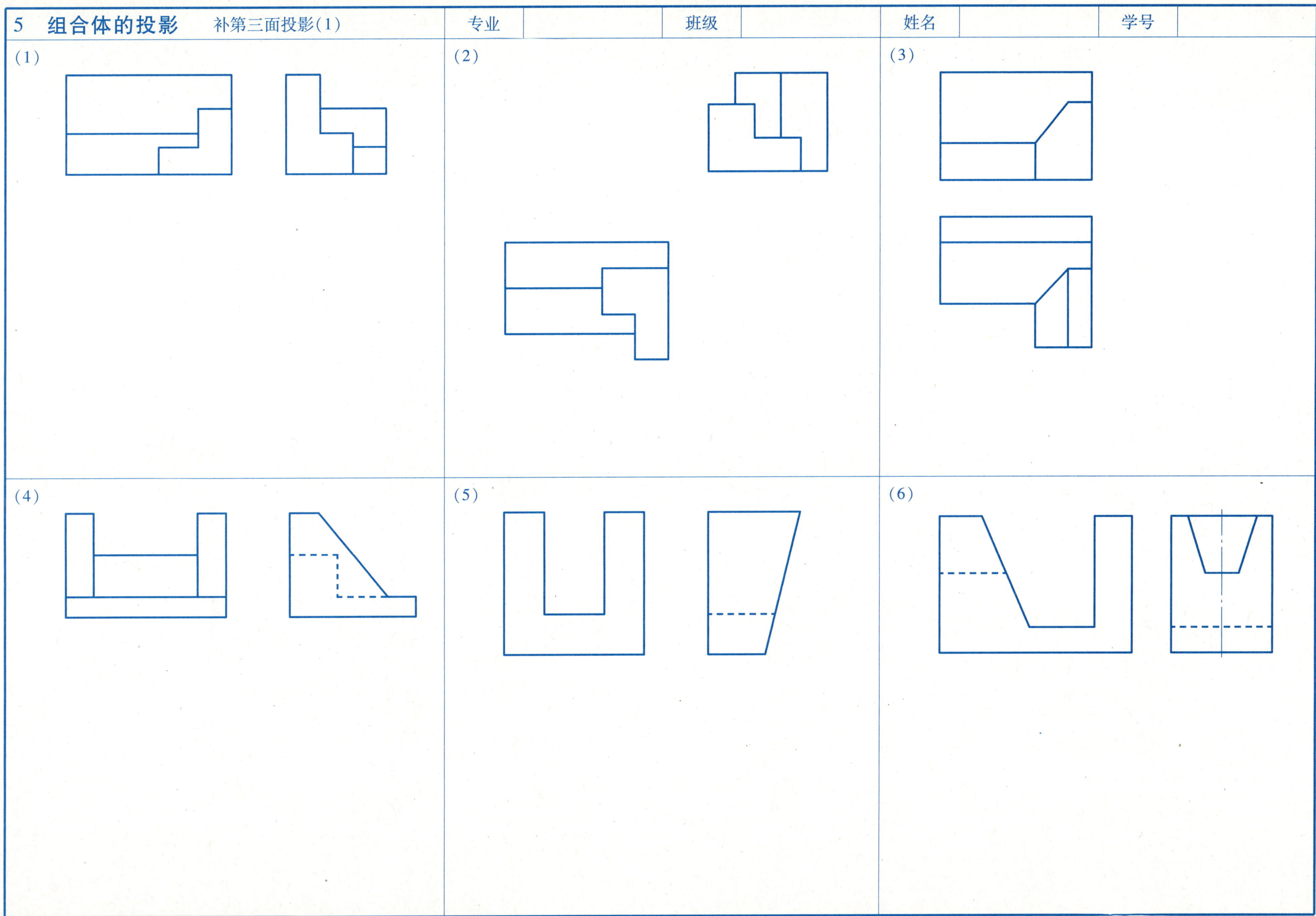
5 组合体的投影 补第三面投影(1)
专业
班级
姓名
学号
(1)
(2)
(3)
(4)
(5)
(6)

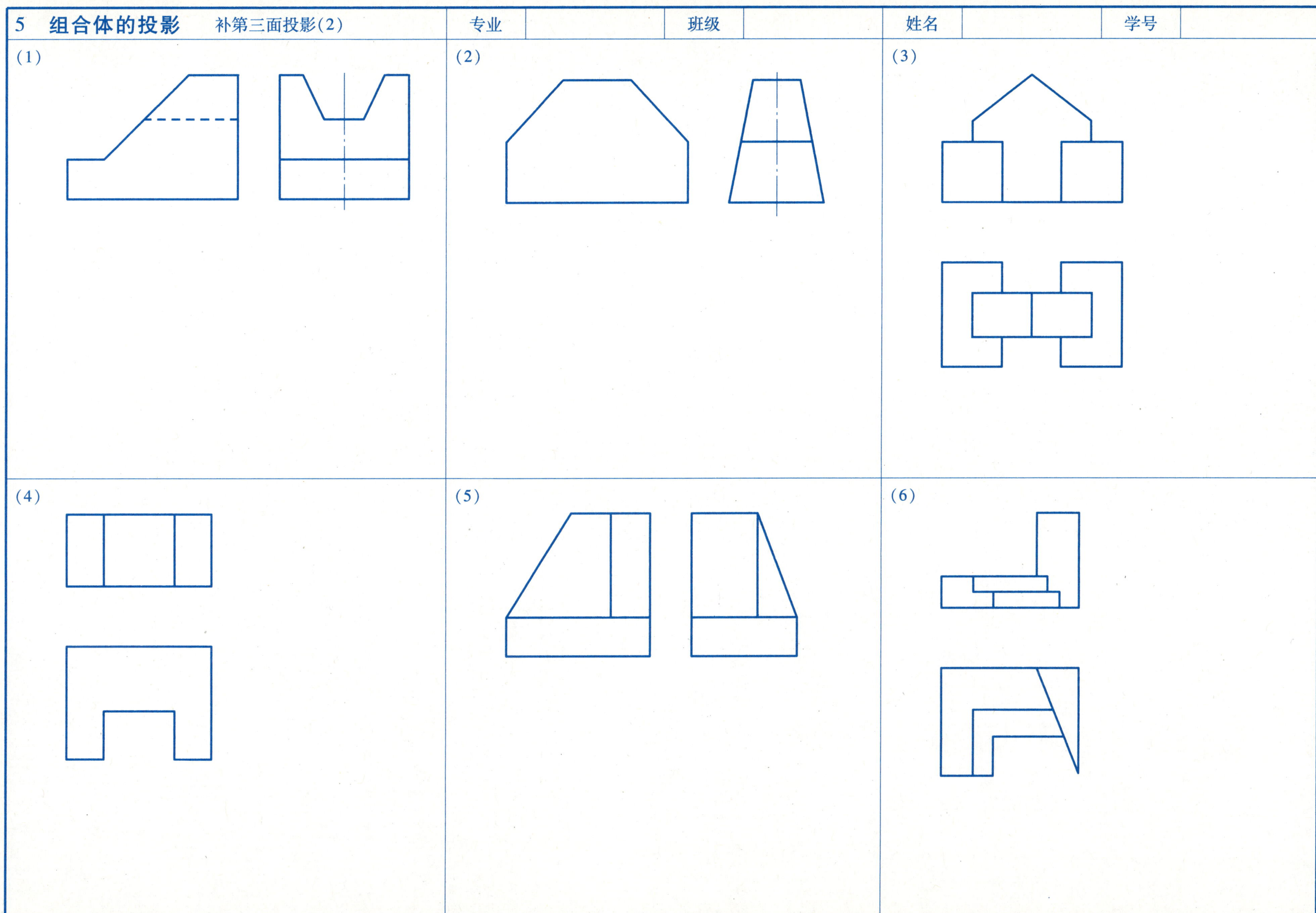
5 组合体的投影 补第三面投影(2)
专业
班级
姓名
学号
(1)
(2)
(3)
(4)
(5)
(6)

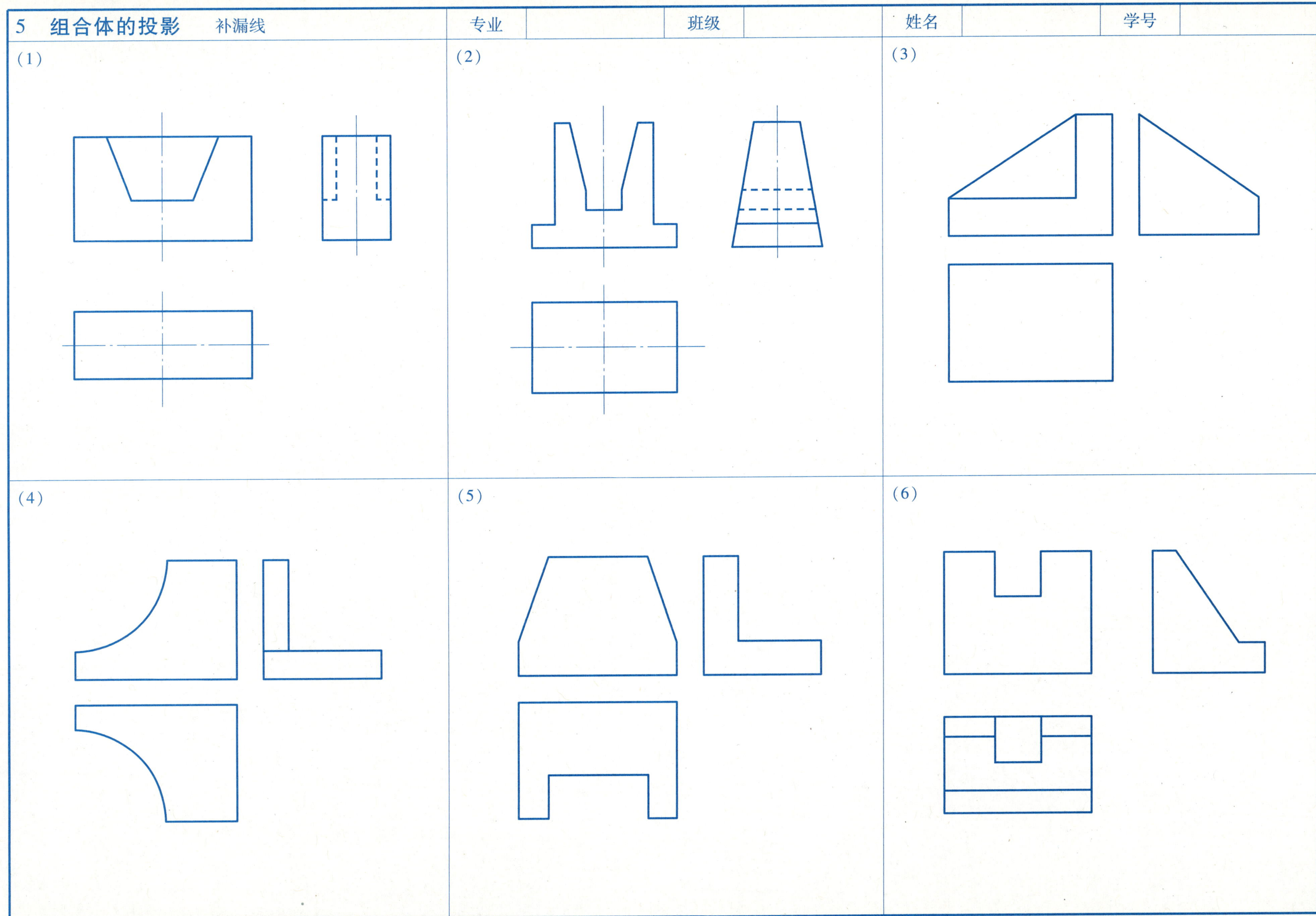
5 组合体的投影 补漏线
专业
班级
姓名
学号
(1)
(2)
(3)
(4)
(5)
(6)

6 根据立体图作三面投影	专业		班级		姓名		学号	

根据立体图作形体的三面投影图(尺寸从图中直接量取)。

(1)

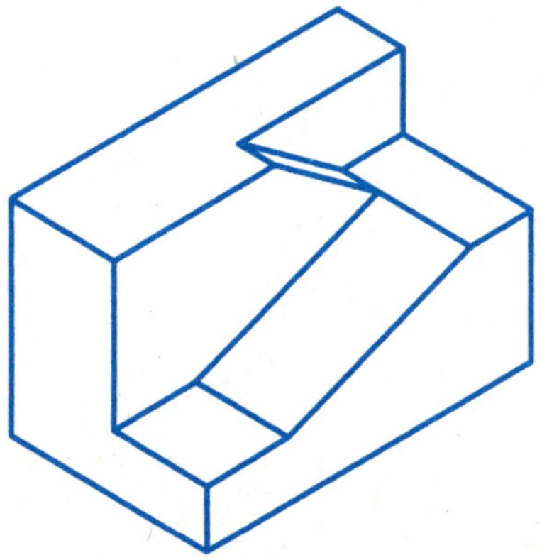

(2)

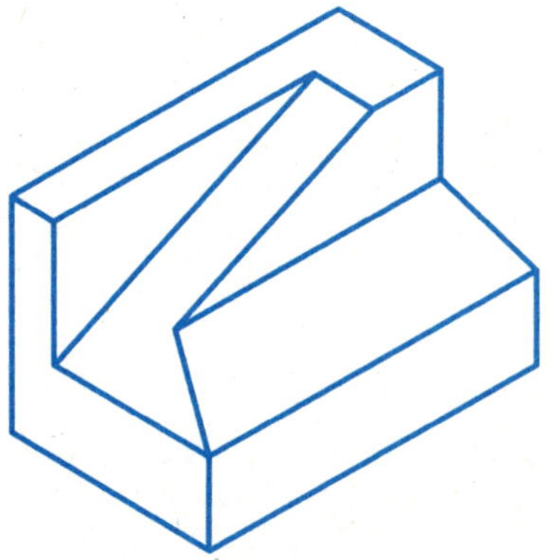

(3)

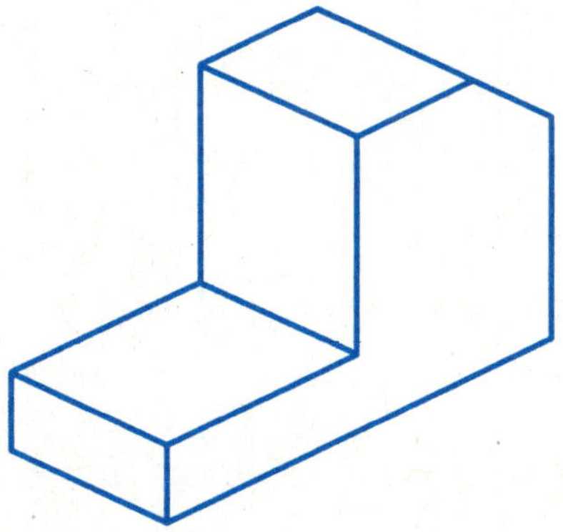

(4)

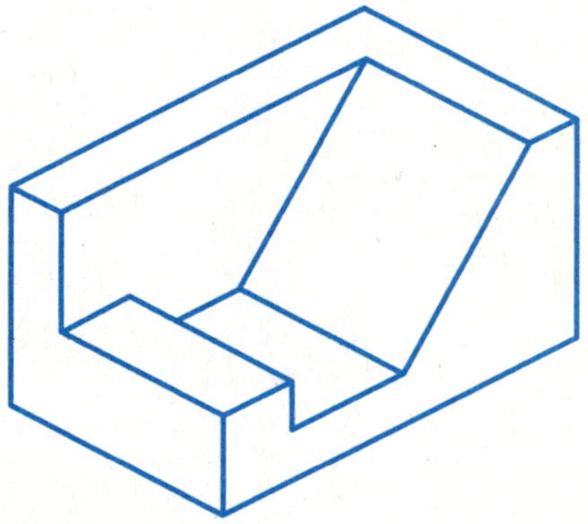

6　根据立体图作三面投影	专业		班级		姓名		学号	

根据立体图作形体的三面投影图(尺寸从图中直接量取)。

(5)

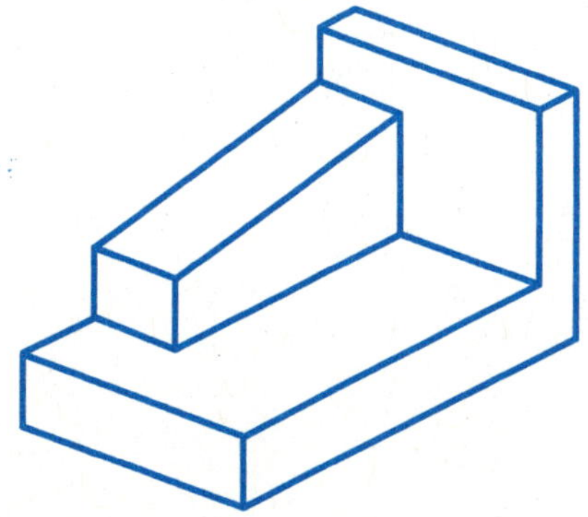

(6)

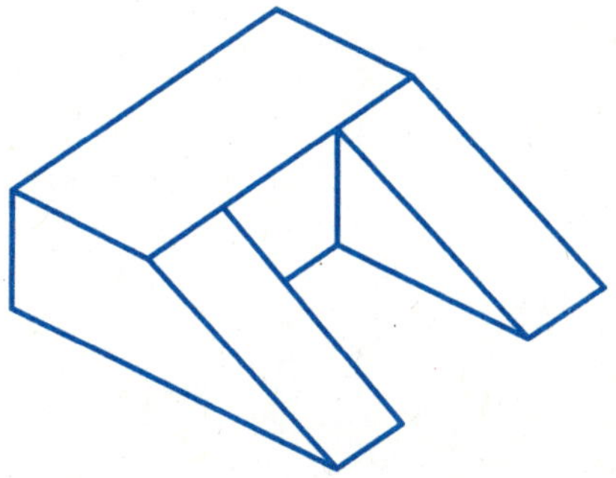

(7)

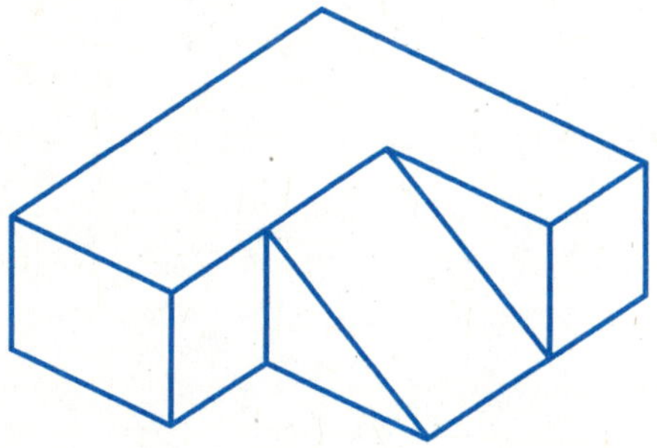

(8)

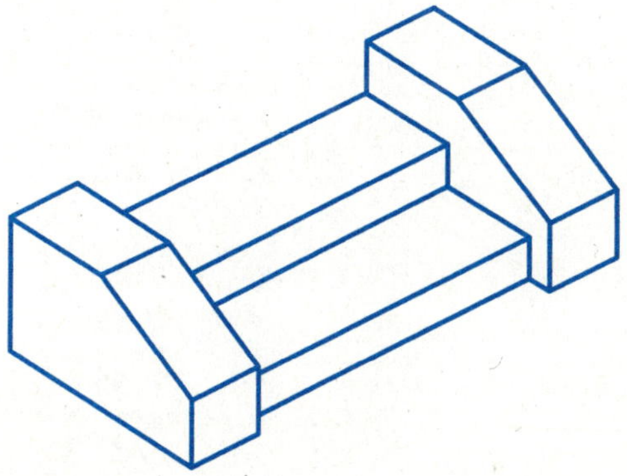

6 根据立体图作三面投影	专业		班级		姓名		学号	

根据立体图作形体的三面投影图(尺寸从图中直接量取)

(9)

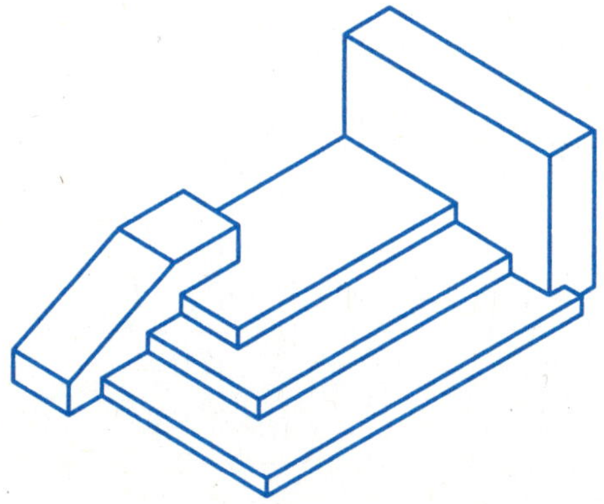

(10)

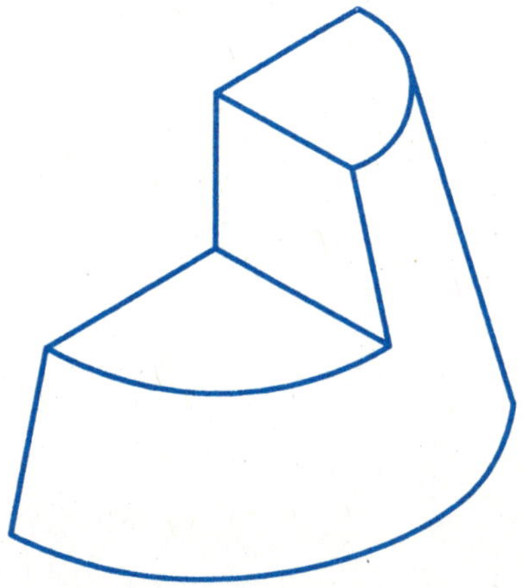

(11)

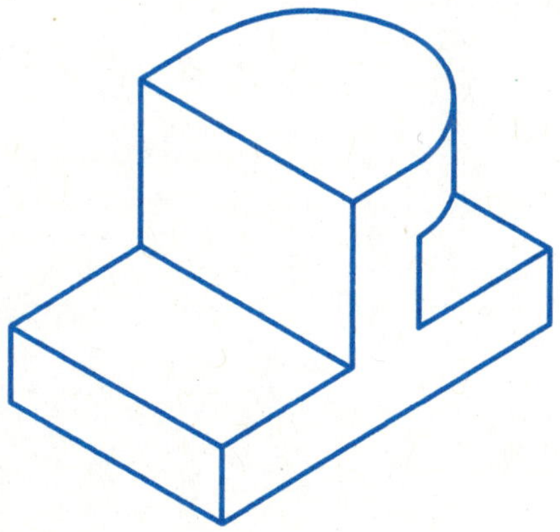

(12)

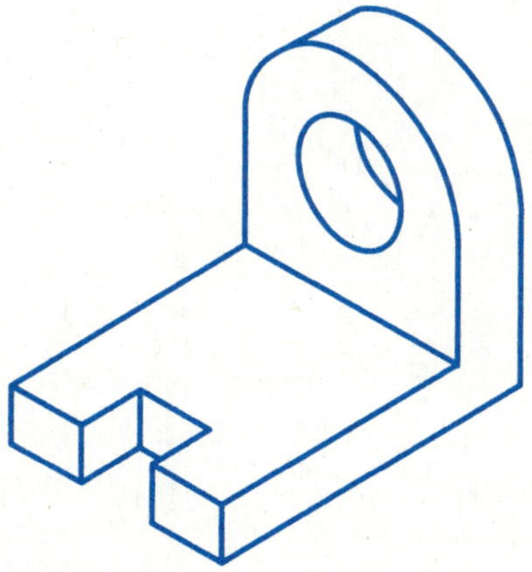

7 作同坡屋面的三面投影	专业		班级		姓名		学号	

(1)

(2)

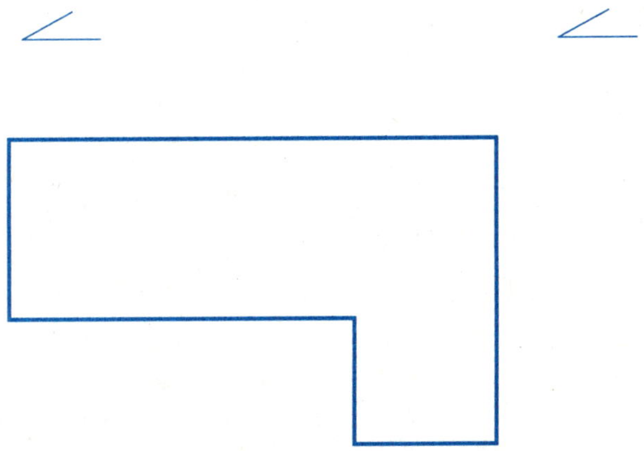

(3)

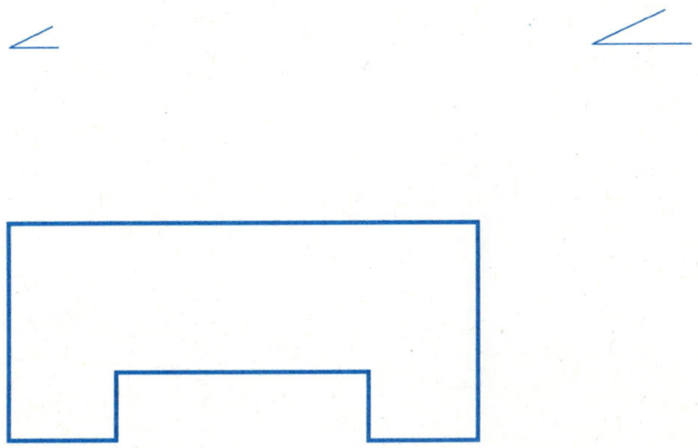

(4)

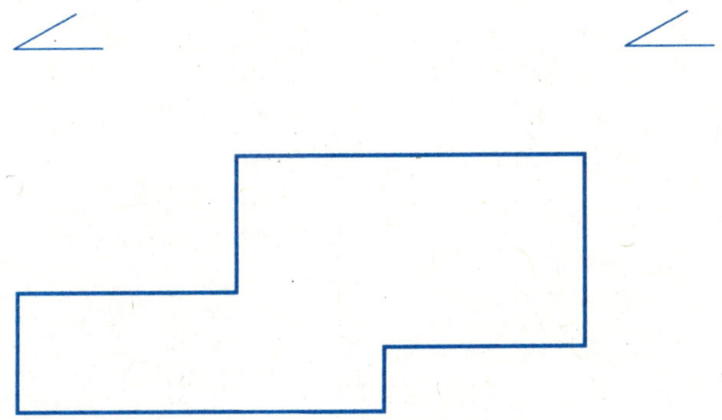

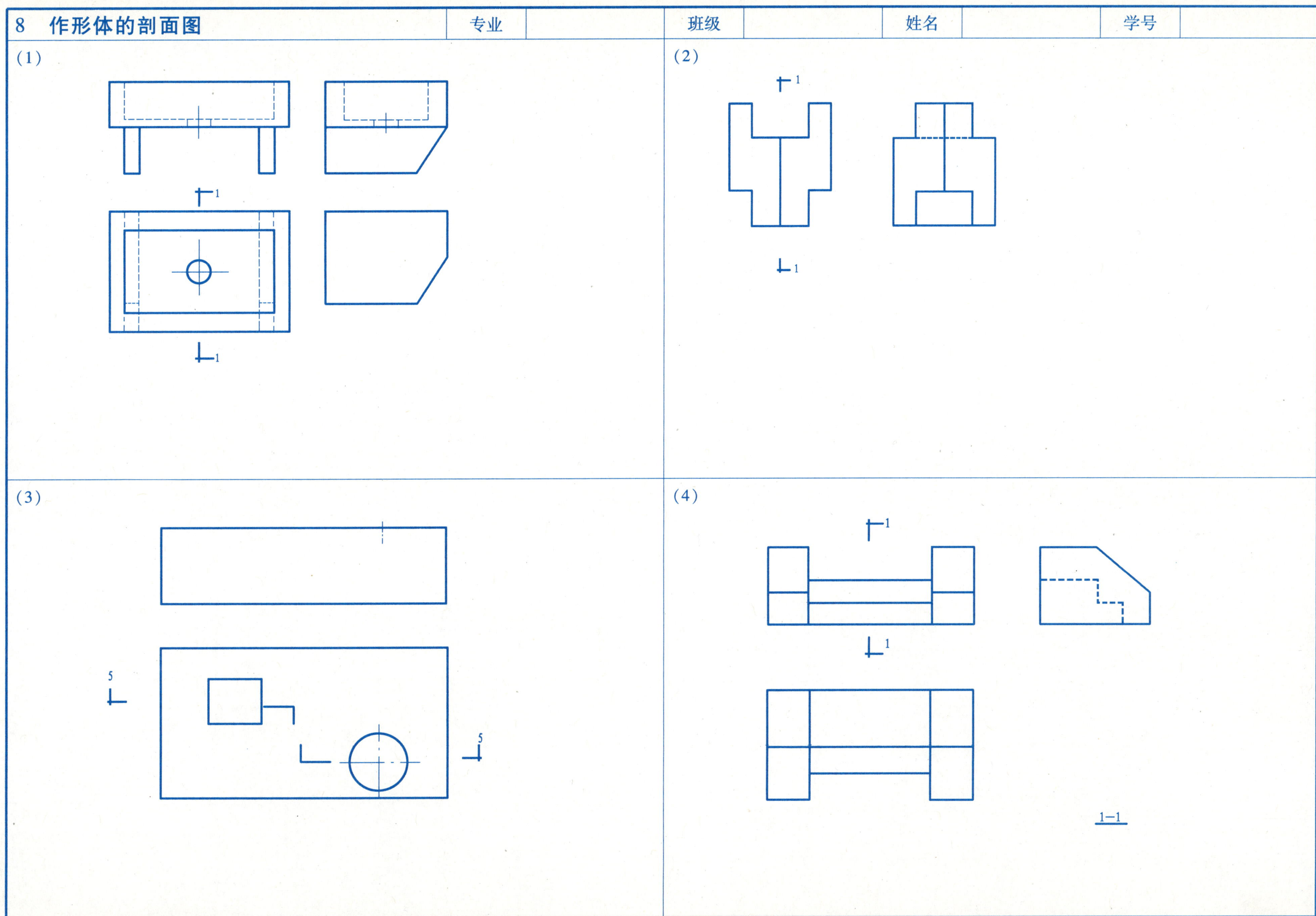
8 作形体的剖面图
专业
班级
姓名
学号
(1)
1
1
(2)
1
1
(3)
5
5
(4)
1
1
1—1

8 作形体的剖面图

专业		班级		姓名		学号	

(5)作全剖面图。

(6)作全剖面图。

(7)作立面半剖图。

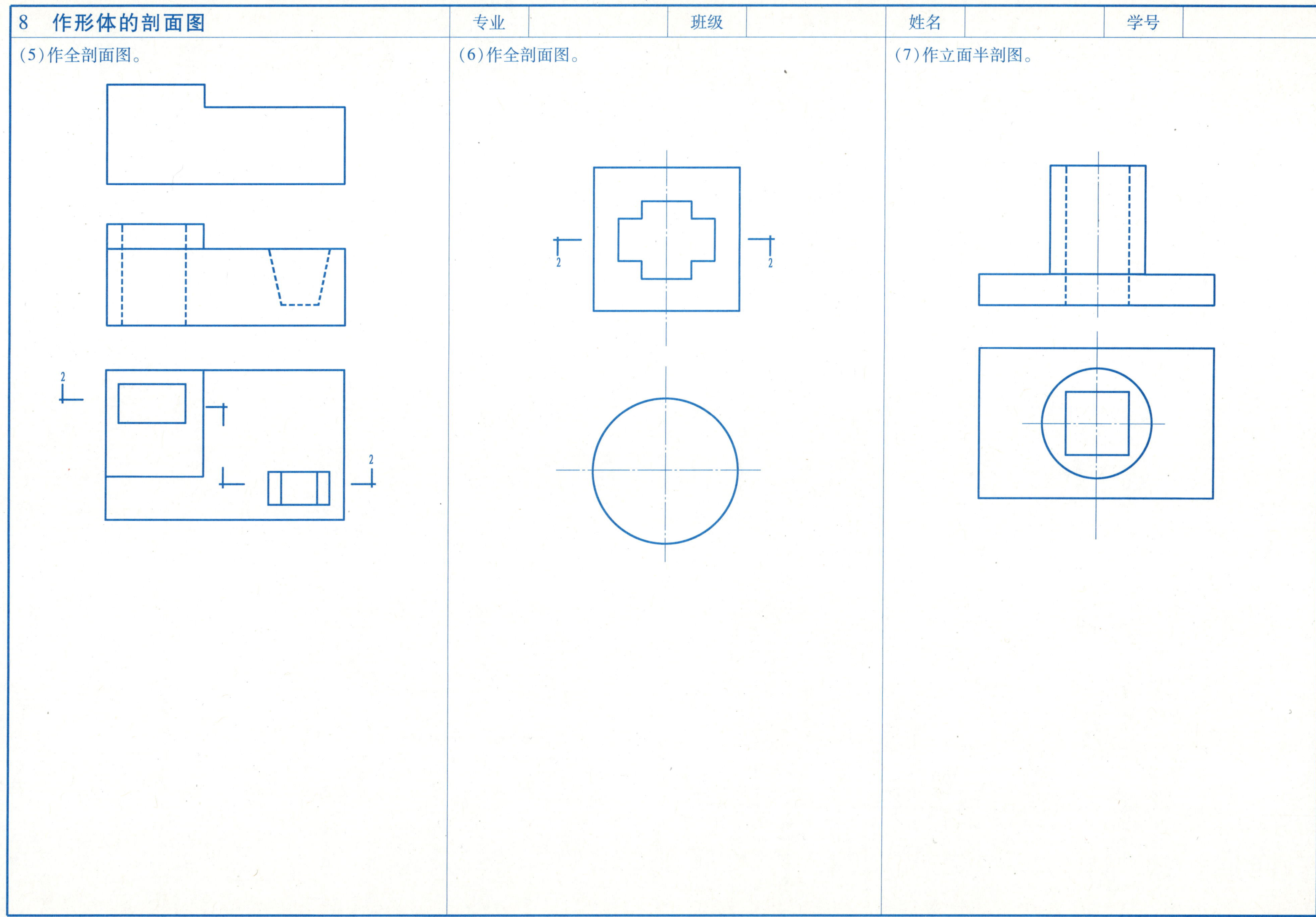

9 作形体的断面图

专业		班级		姓名		学号	

(1)作出下图的 1—1、2—2、3—3 断面图。

(2)作出下图的 1—1、2—2、3—3 断面图。

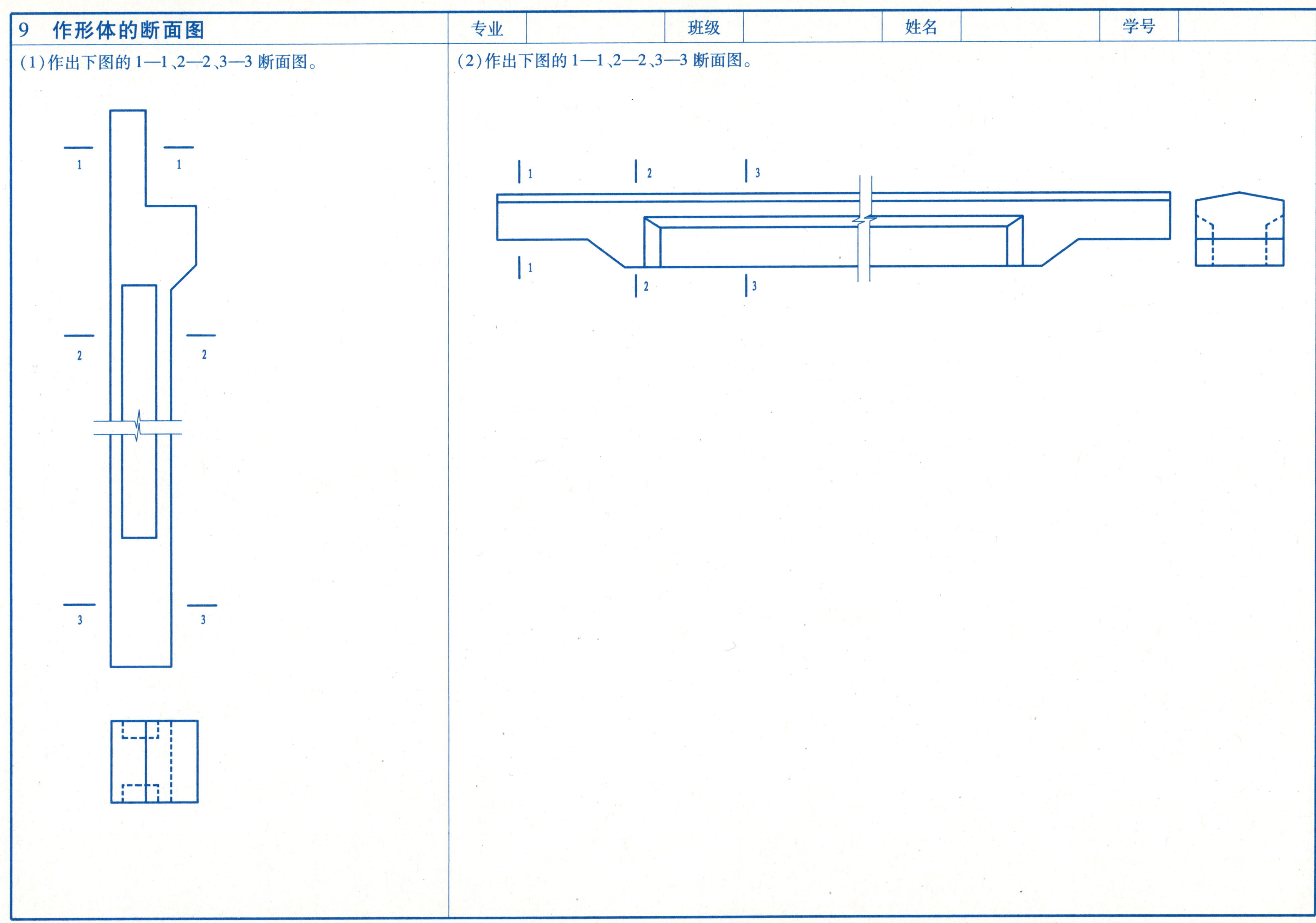

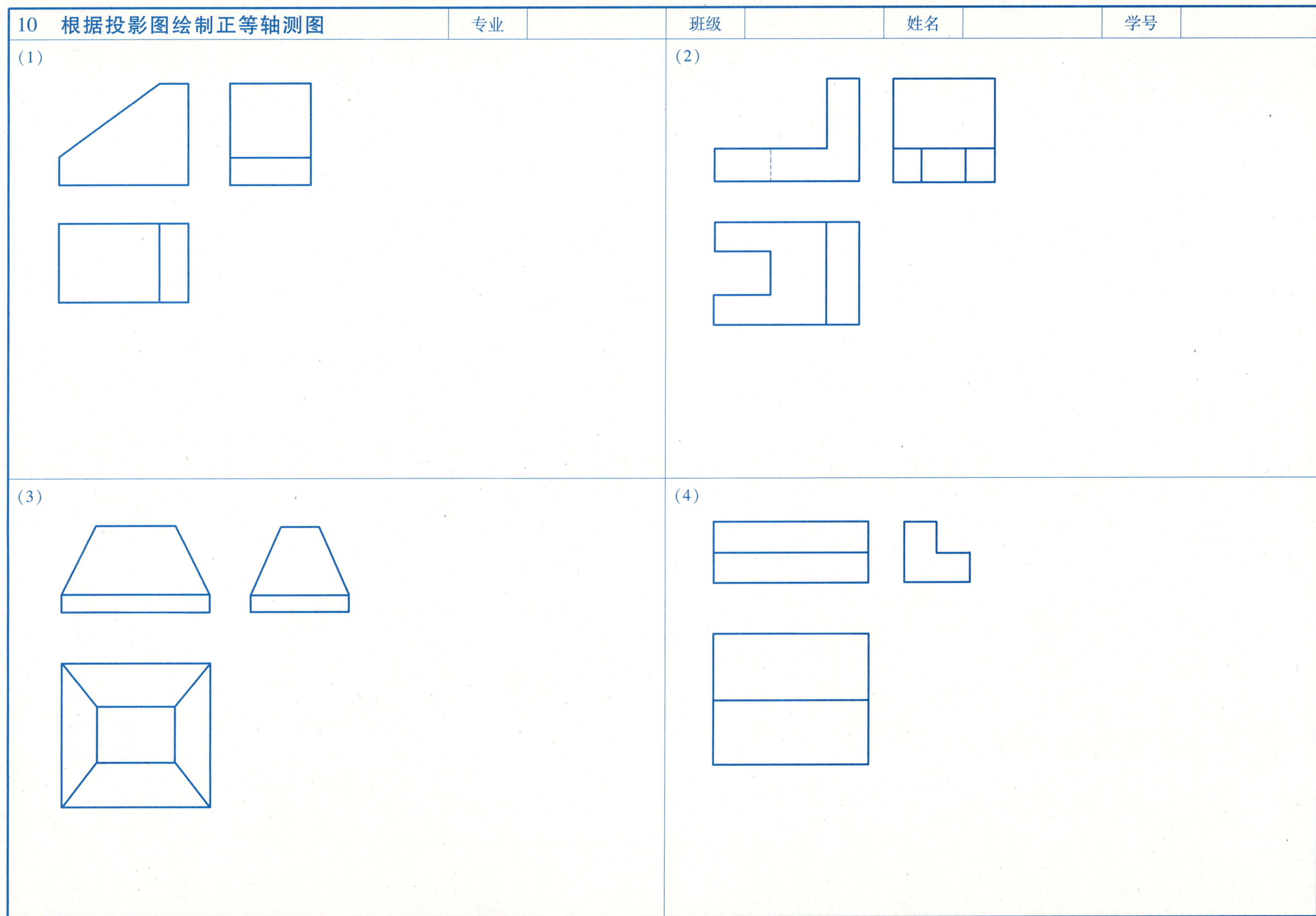
10 根据投影图绘制正等轴测图
专业
班级
姓名
学号
(1)
(2)
(3)
(4)

10 根据投影图绘制正等轴测图

专业　　班级　　姓名　　学号

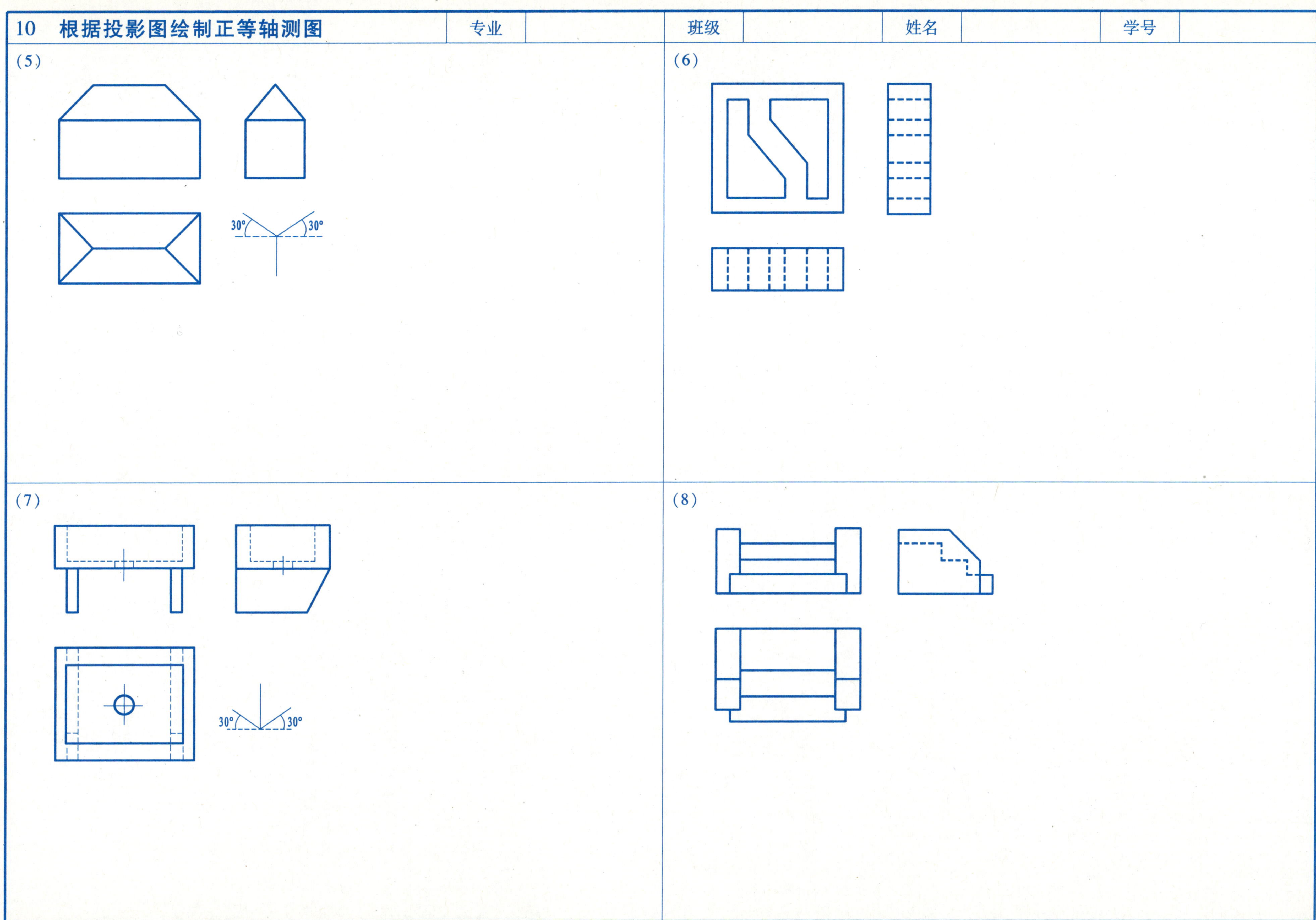

11　根据投影图绘制斜二轴测图	专业		班级		姓名		学号	

(1)

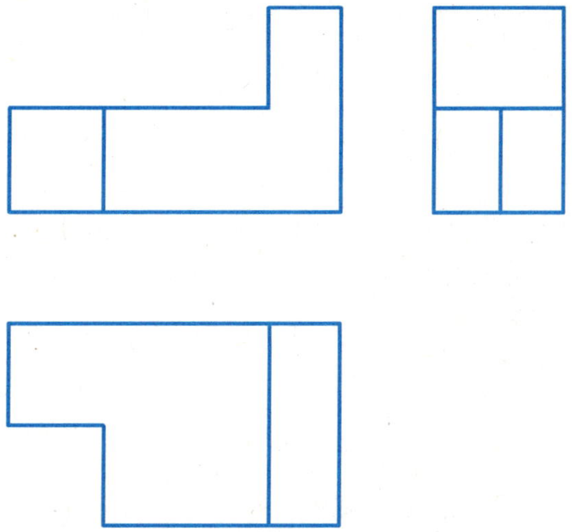

(2)

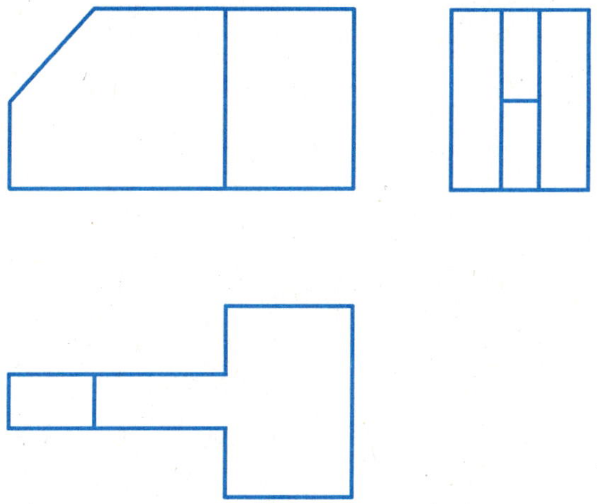

(3)

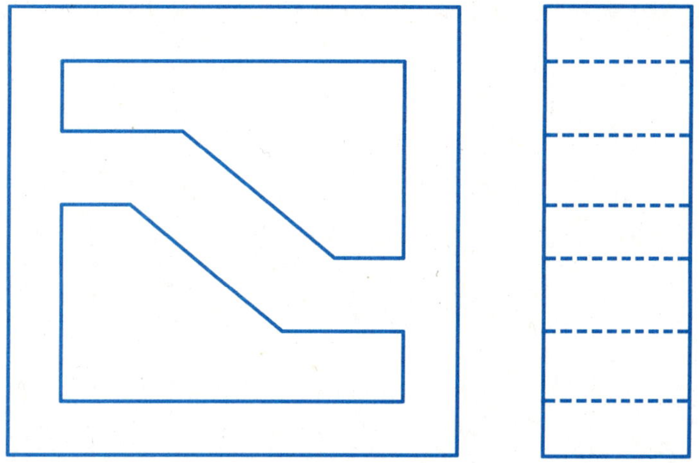

12 **徒手画视图**	专业		班级		姓名		学号	

(1)徒手抄画以下三视图

(2)徒手抄画以下立体图

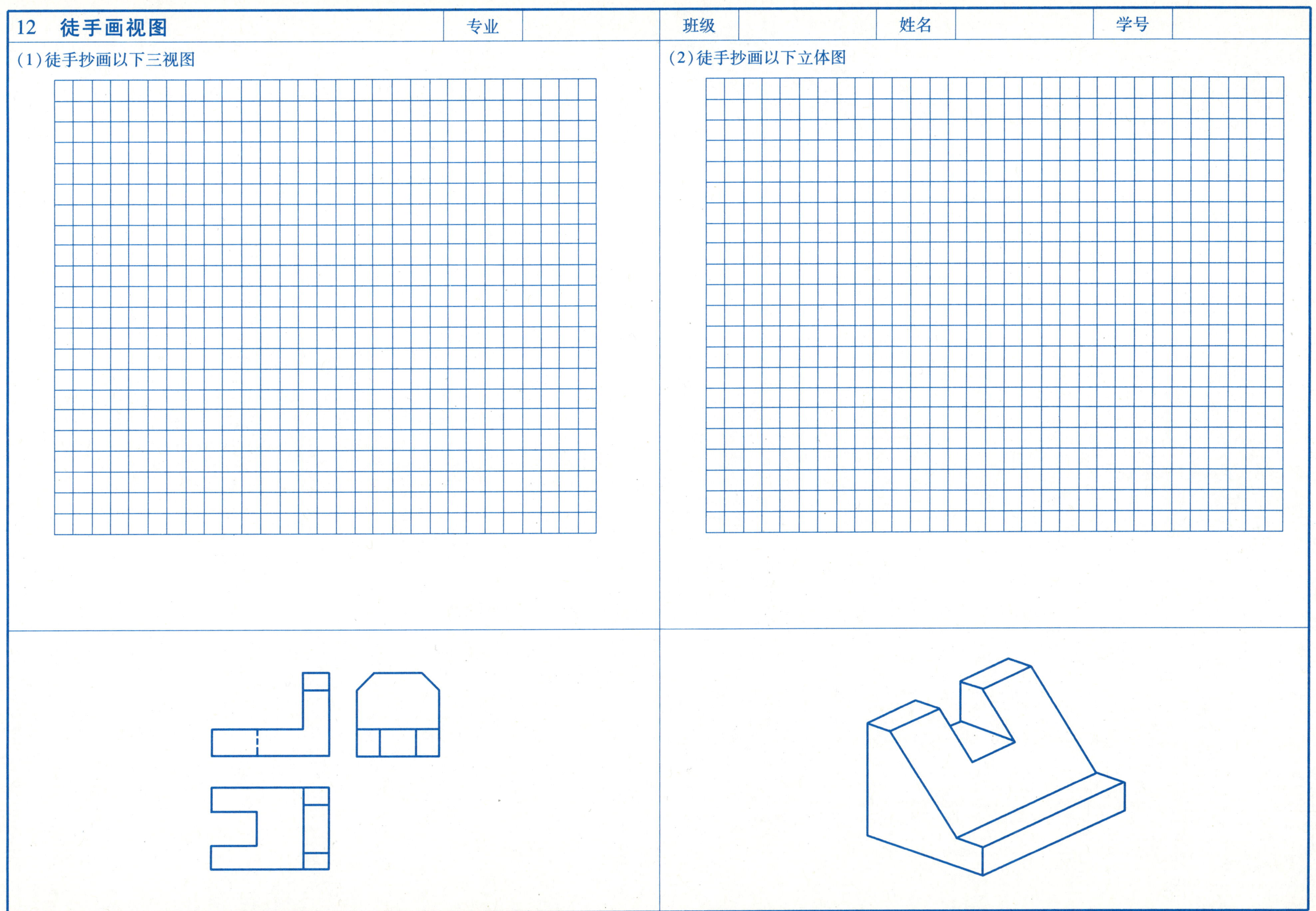

13　建筑总平面图的识读	专业		班级		姓名		学号	

阅读某建筑总平面图(局部),完成填空。

(1)2 号楼培训中心与 1 号教学楼的朝向为坐________朝________。2 号楼培训中心为________层楼,室内地坪绝对标高为________ m,培训中心右前方道路标高为________ m。(2-18)轴,(2-F)轴的交点坐标 X = ________ m,Y = ________ m。1 号教学楼主楼为________层楼,室内地坪绝对标高为________ m。1 号教学楼左前方道路转弯半径为________ m,道路宽________ m。

(2)图中新建建筑物是用________线绘制的,地下车库轮廓线是用________线绘制的。室内地坪标高用________符号表示,室外地坪标高用________表示。

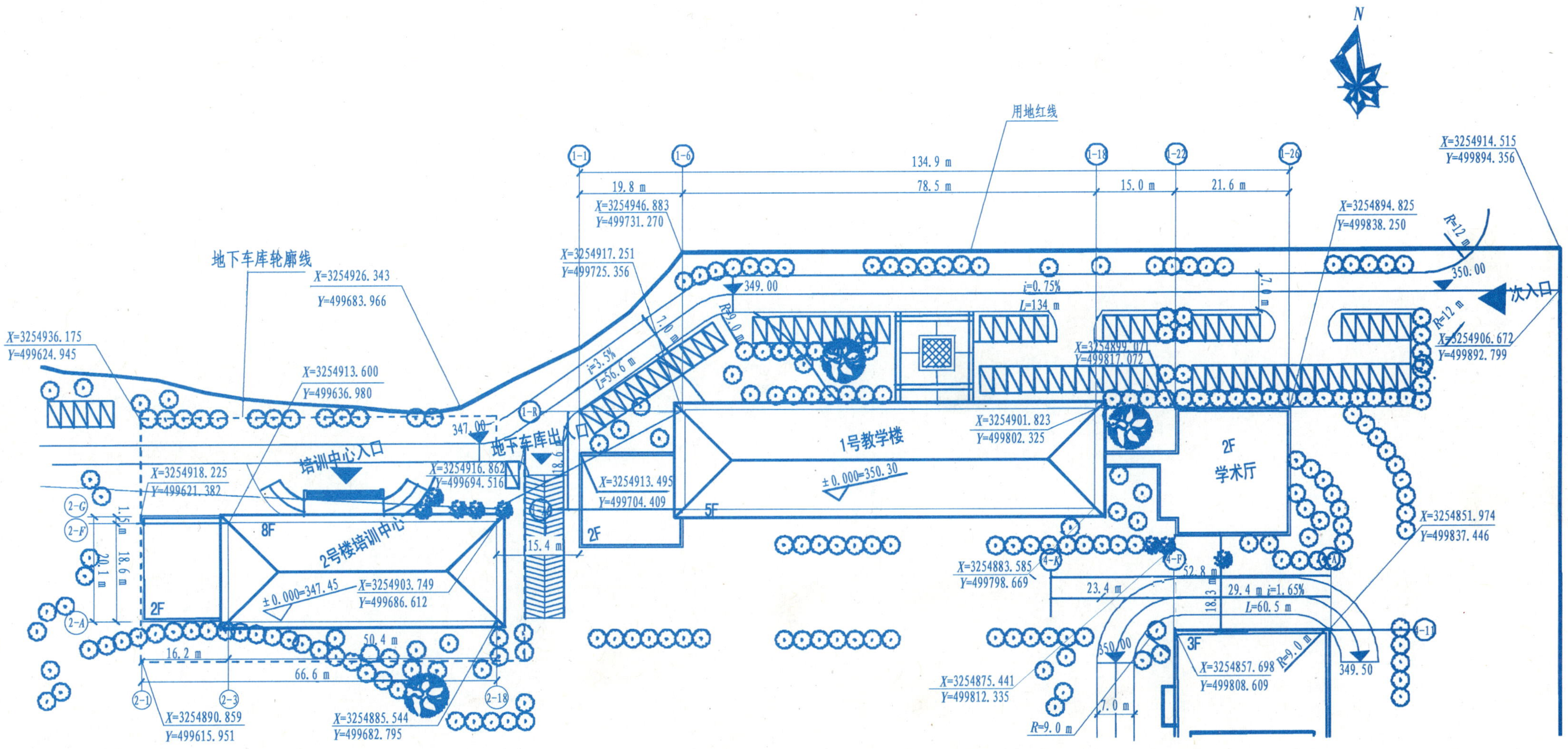

14　建筑平面图的识读与绘制	专业		班级		姓名		学号	

1. 阅读某宿舍楼一层平面图。宿舍入口门厅和宿舍内地面标高为 ±0.000。阳台地面比它低 50 mm，卫生间地面比它低 70 mm。台阶的每级踏步高为 150 mm。回答下列问题：

(1)请在图中补全定位轴线编号。

(2)请补全⑪～⑫轴与Ⓑ～Ⓒ轴间阳台和卫生间的地面标高，及楼梯休息平台和室外地坪的标高。

(3)补全图中所缺尺寸。

(4)宿舍的开间尺寸为＿＿＿＿＿ mm，进深尺寸为＿＿＿＿＿ mm，净面积为＿＿＿＿＿ m^2；卫生间的开间尺寸为＿＿＿＿＿ mm，进深尺寸为＿＿＿＿＿ mm；两个楼梯间的开间尺寸均为＿＿＿＿＿ mm，进深尺寸均为＿＿＿＿＿ mm。

(5)房屋墙厚为＿＿＿＿＿ mm；宿舍门宽＿＿＿＿＿ mm，高＿＿＿＿＿ mm；阳台门宽＿＿＿＿＿ mm，高＿＿＿＿＿ mm；卫生间门宽＿＿＿＿＿ mm，高＿＿＿＿＿ mm，卫生间窗宽＿＿＿＿＿ mm，高＿＿＿＿＿ mm。

2. 建筑平面图的绘制

(1)目的

①熟悉建筑平面图的内容和一般表达方法。

②通过作业掌握绘制建筑平面图的步骤和方法。

(2)内容

抄绘下页图所示某宿舍楼二至六层平面图。

(3)要求

①图纸：A2 图幅。图标格式按教材中图 3.5 绘制。

②比例：1∶100。图中未标注细部尺寸按比例量取。

③图名：二至六层平面图。

④图线：线宽组粗、中、细线分别取 0.5 mm、0.25 mm、0.18 mm。

⑤字体：长仿宋体。

⑥作图准确、线型分明、尺寸标注无误、字体端正、图面整洁。

北
阳台、卫生间做法详建施 余同
宿舍平面布置示意图做法详建施
无障碍坡道做法 详见GB 03J926
无障碍扶手做法 详见GB 03J926
宿舍
管理室
走廊
宿舍入口门厅
±0.000=345.30
空调洞
阳台
MLC1725
MLC6429
FM1521(甲)
C0723
C0830
C1819
GC0906

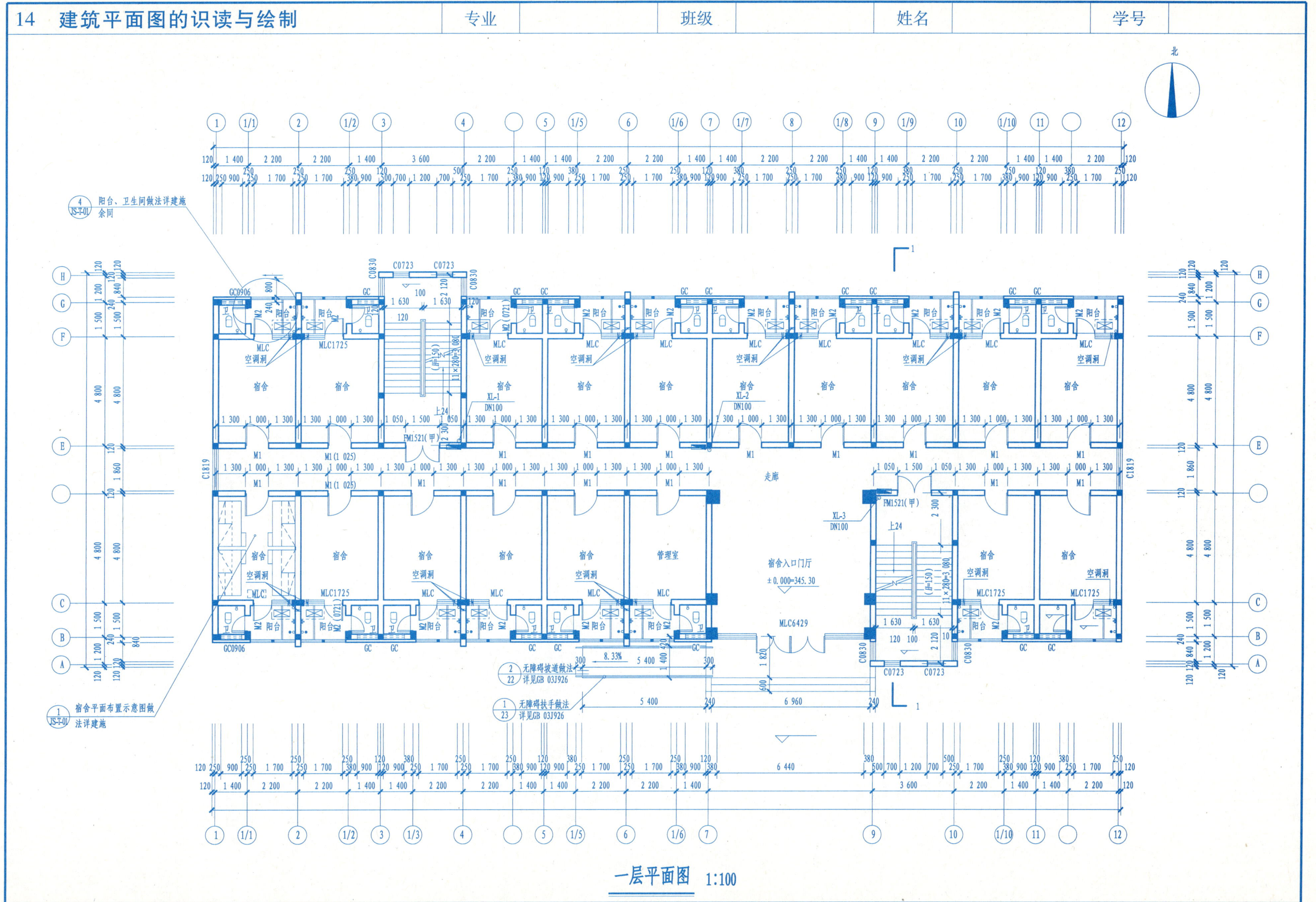

一层平面图 1:100

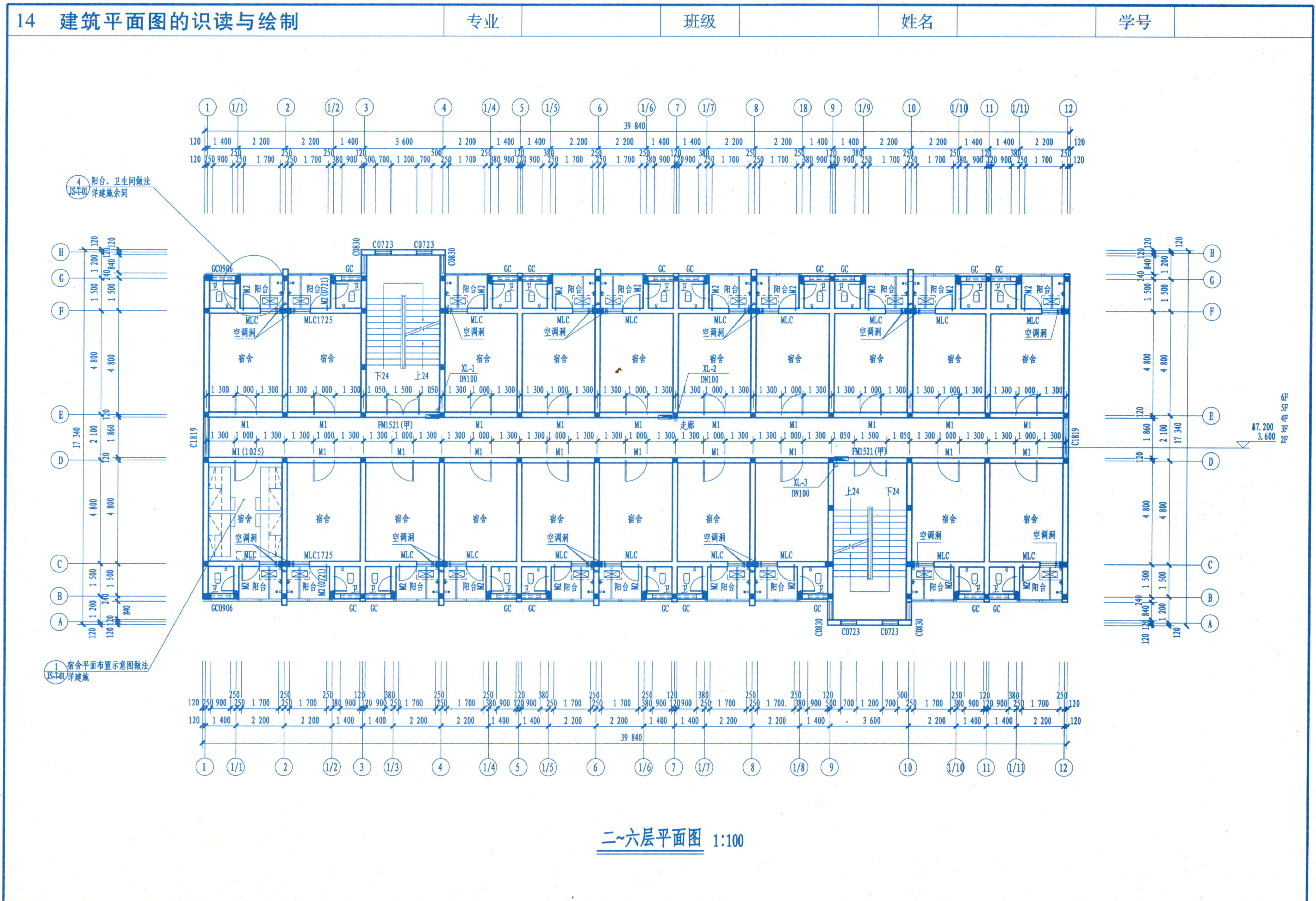
阳台、卫生间做法详建施余同
宿舍平面布置示意图做法详建施
宿舍
空调洞
走廊
二~六层平面图 1:100

15 建筑立面图的识读与绘制	专业		班级		姓名		学号	

1. 结合前述一层平面图,阅读某宿舍楼①~⑫轴立面图,完成填空。

(1)该立面图绘制室外地坪线用________线,绘制立面图外轮廓线用________线,绘制窗洞口线等用________线,绘制尺寸线等用________线。

(2)该宿舍楼共________层楼,层高________ m,总建筑高度为________ m。2 楼卫生间窗台标高________ m,窗顶标高________ m。

(3)仅从该立面图方向看,屋顶为________屋顶形式,屋面材料为________;外墙面贴面材料为________;卫生间百叶窗材料为________,所有窗玻璃均为________。

2. 建筑立面图的绘制。

(1)目的

①熟悉建筑立面图的内容和一般表达方法。

②通过作业掌握绘制建筑立面图的步骤和方法。

(2)内容

抄绘下页图所示某宿舍楼⑫~①轴立面图。

(3)要求

①图纸:A2 图幅。图标格式按教材中图 3.5 绘制。

②比例:1∶100。图中未标注的相关细部尺寸请查阅前面平面图,其余按比例量取。

③图名:⑫~①轴立面图。

④图线:线宽组粗、中、细线分别取 0.5 mm、0.25 mm、0.18 mm。室外地坪线线宽取 0.7 mm。

⑤字体:长仿宋体。

⑥作图准确、线型分明、尺寸标注无误、字体端正、图面整洁。

15 建筑立面图的识读与绘制	专业		班级		姓名		学号	

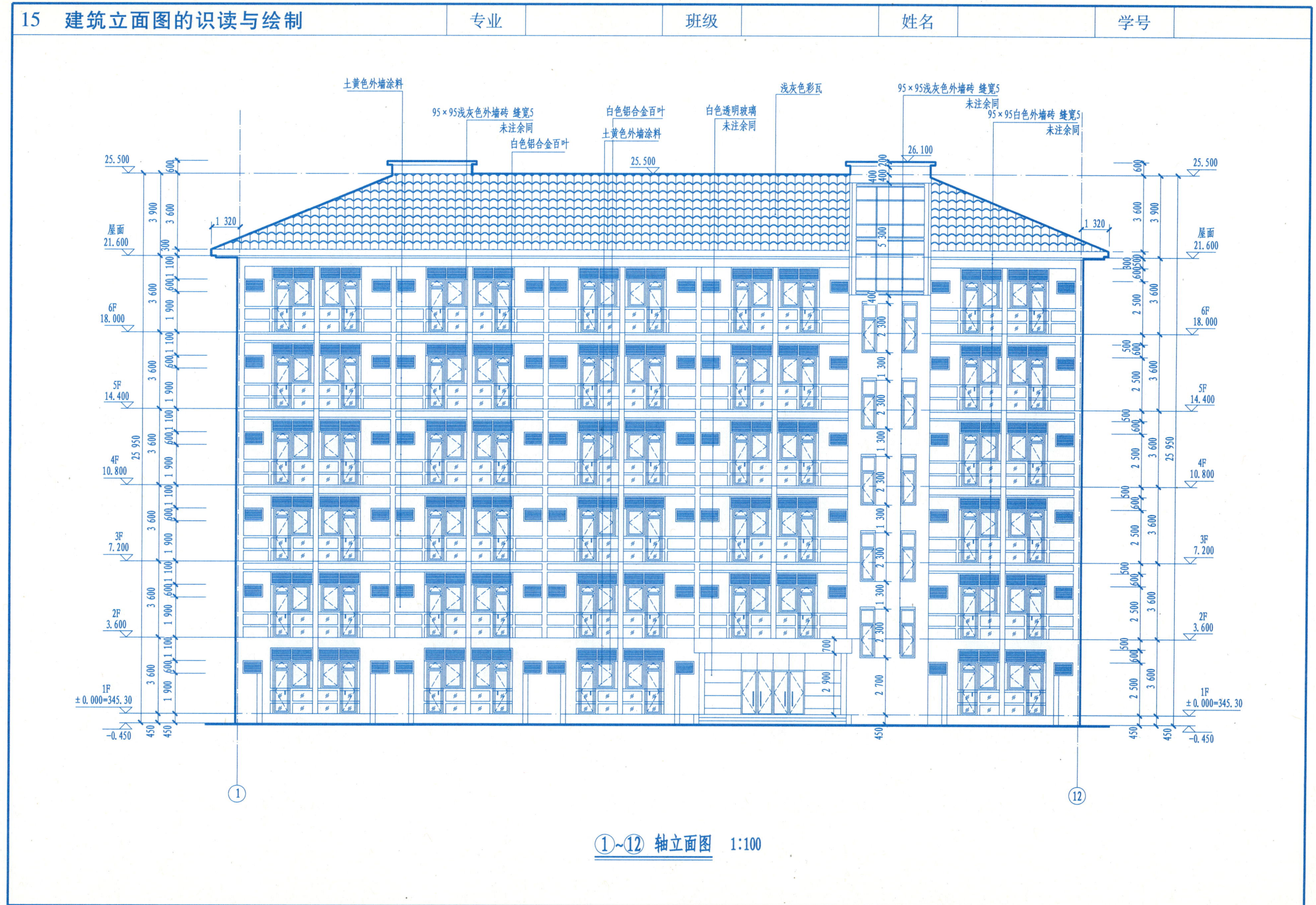

①~⑫ 轴立面图 1:100

95×95浅灰色外墙砖 缝宽5
未注余同
95×95白色外墙砖 缝宽5
未注余同
浅灰色彩瓦
白色透明玻璃
未注余同
白色铝合金百叶
土黄色外墙涂料
95×95浅灰色外墙砖 缝宽5
未注余同
白色铝合金百叶
土黄色外墙涂料
25.500
26.100
屋面
21.600
6F
18.000
5F
14.400
4F
10.800
3F
7.200
2F
3.600
1F
±0.000=345.30
-0.450
1 320
25 950
12
1
⑫~① 轴立面图 1:100

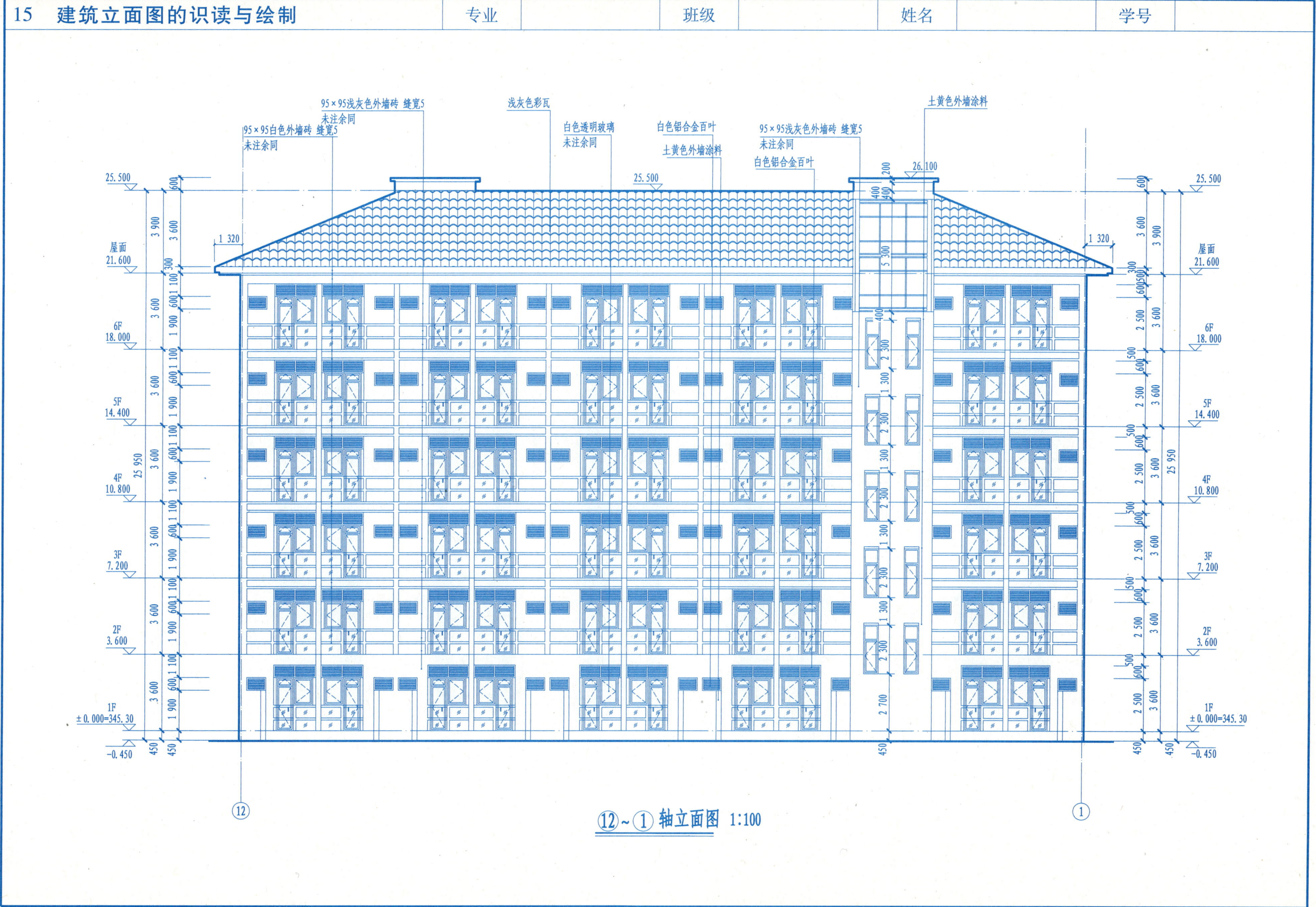

16 建筑剖面图的识读与绘制	专业		班级		姓名		学号	

结合前面一层平面图，阅读 1—1 剖面图，回答下列问题：

(1)该剖面图是从一层平面图的__________~__________轴间的位置剖切后向__________投影而成。

(2)该房屋楼梯间的屋顶标高为__________m，女儿墙顶面标高为__________m，女儿墙高度为__________mm。前坡屋顶的矢高为__________m。三楼楼面标高为__________m。三楼与四楼之间楼梯休息平台标高为__________m，平台梁底标高为__________m。三楼阳台压顶标高为__________m。前坡屋顶的檐口宽度为__________mm。楼梯栏杆做法参见 04J412 图集第__________页第__________详图，踏步防滑条做法参见 04J412 图集第__________页第__________详图。

2. 建筑剖面图的绘制。

(1)目的

①熟悉建筑剖面图的内容和一般表达方法。

②通过作业掌握绘制建筑剖面图的步骤和方法。

(2)内容

抄绘下页所示某宿舍楼 1—1 剖面图。

(3)要求

①图纸：A2 图幅。图标格式按教材中图 3.5 绘制。

②比例：1∶100。图中未标相关注细部尺寸查阅前面平面图，其余按比例量取。

③图名：1—1 剖面图。

④图线：线宽组粗、中、细线分别取 0.5 mm、0.25 mm、0.18 mm。地面线线宽取 0.7 mm。

⑤字体：长仿宋体。

⑥作图准确、线型分明、尺寸标注无误、字体端正、图面整洁。

16　建筑剖面图的识读与绘制	专业		班级		姓名		学号	

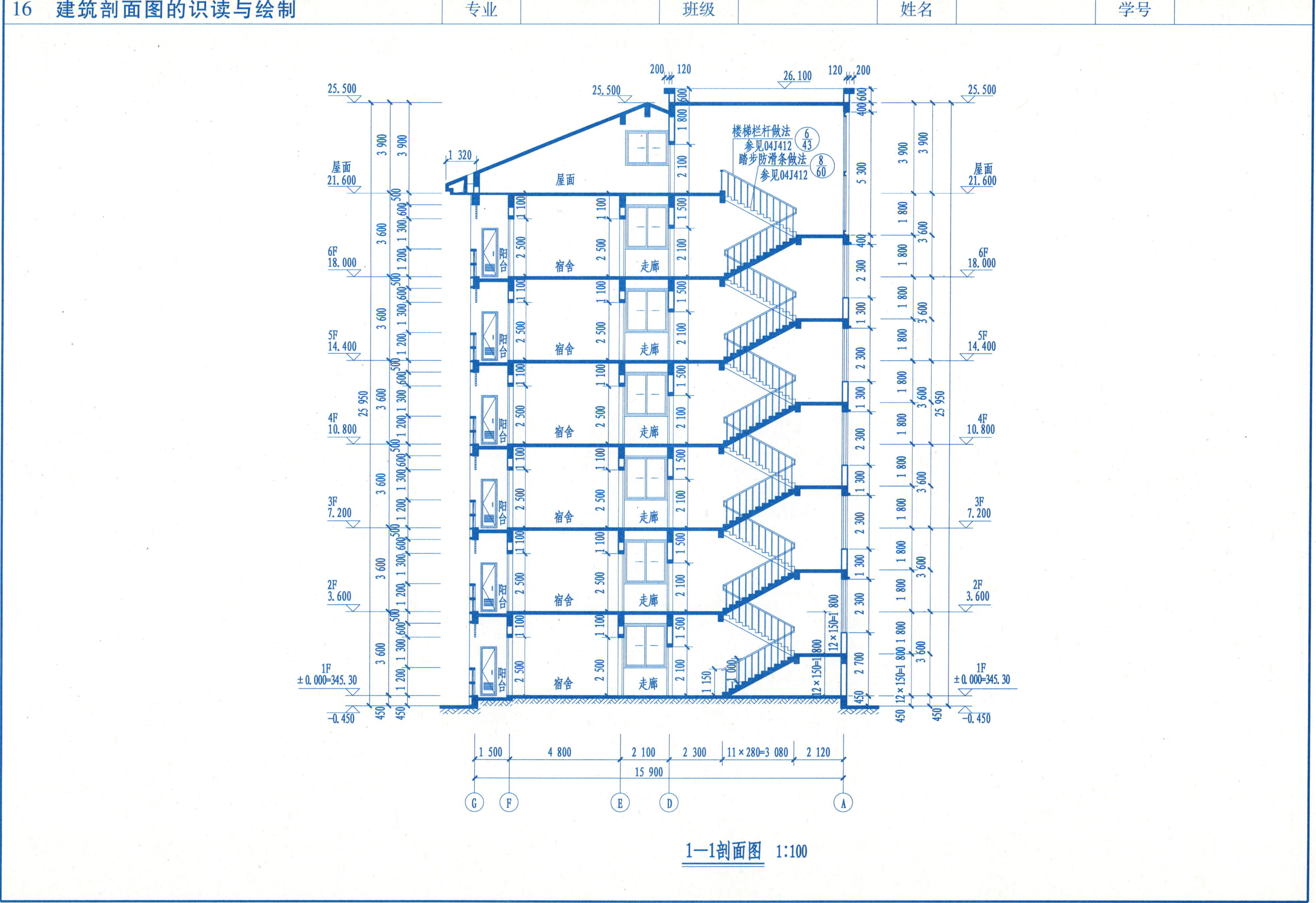

1—1剖面图　1:100

17　结构施工图的常用代号及图例	专业		班级		姓名		学号	

(1)结构施工图是表达建筑物________________________的施工图。

(2)完整的结构施工图包括:________________________4 部分。

(3)写出常用构件代号:板________、空心板________、楼梯板________、梁________、圈梁________、基础梁________、楼梯梁________、框架梁________、柱________、框架柱________、构造柱________、基础________。

(4)作图

①画出钢筋混凝土板底层纵、横向钢筋图例。

②画出钢筋混凝土板顶层钢筋纵、横向钢筋图例。

③画出钢筋混凝土剪力墙远面竖向钢筋、横向钢筋图例。

④画出钢筋混凝土剪力墙近面竖向钢筋、横向钢筋图例。

专业		班级		姓名		学号	

(1)钢筋混凝土构件由________和________两种材料组合而成。

(2)按钢筋在构件中所起的作用分________筋、________筋、________筋、________筋、________筋。

(3)写出以下钢筋符号:HPB235 ________、HRB335 ________、HRB400 ________。

(4)为了延长钢筋混凝土构件的使用寿命,钢筋外缘起保护钢筋作用的混凝土层叫________。

(5)钢筋混凝土构件详图的主要内容有:________、________、________、________、________。

(6)"2 ϕ 14"表示________根直径是________的 HPB235 级钢筋。

(7)"ϕ 6@ 200"表示直径是________的钢筋,间距________均匀分布。

(8)阅读下图

①号钢筋直径________ mm,共________根,位于梁的________;

②号钢筋直径________ mm,共________根,位于梁的________;

③号钢筋是双肢箍筋,直径________ mm,沿梁的纵向布置,间距________ mm。

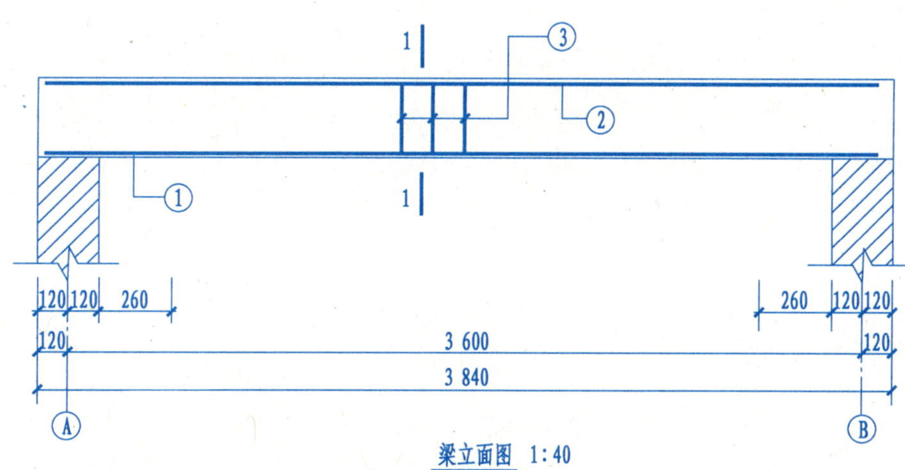

梁立面图 1:40

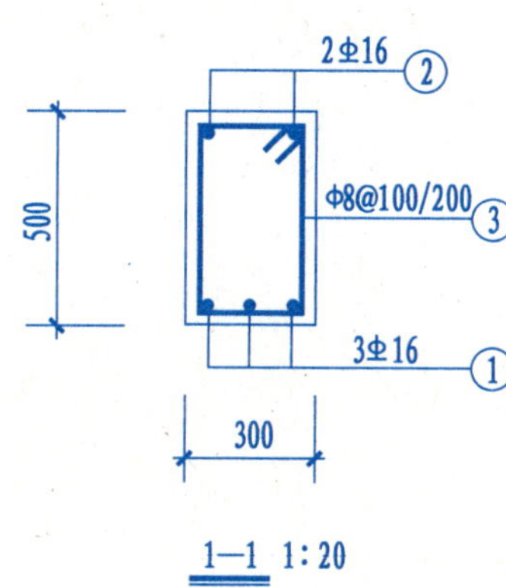

1—1 1:20

(9)阅读右图

图中现浇板底层钢筋编号是________,板顶层钢筋编号是________。

⑥号钢筋直径________,分布间距________,沿①轴纵向分布,铺于轴◯~◯;沿③轴纵向分布,铺于轴◯~◯。

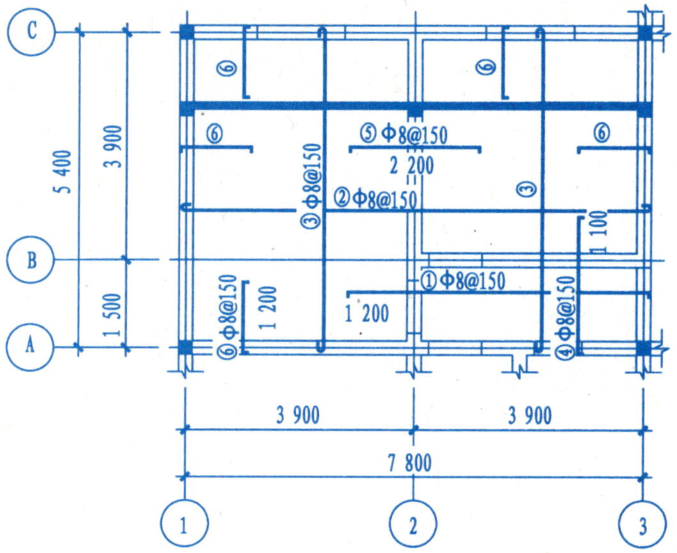

(10)阅读右图

图中钢筋混凝土柱,轴线不在柱的中心位置,该柱从±0.000起到标高________止,截面尺寸为________。

二、三、四楼层梁上表面结构标高分别是________、________、________,屋面梁结构标高是________。

①号钢筋2×3 Φ 22是________根直径为________的HRB335级纵向钢筋;②号钢筋φ8@100/200是________筋,沿柱的纵向布置,在非加密区间距是________,在加密区间距是________。

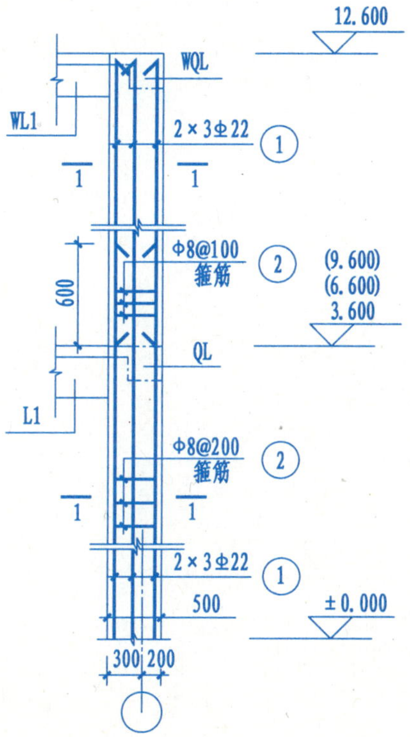

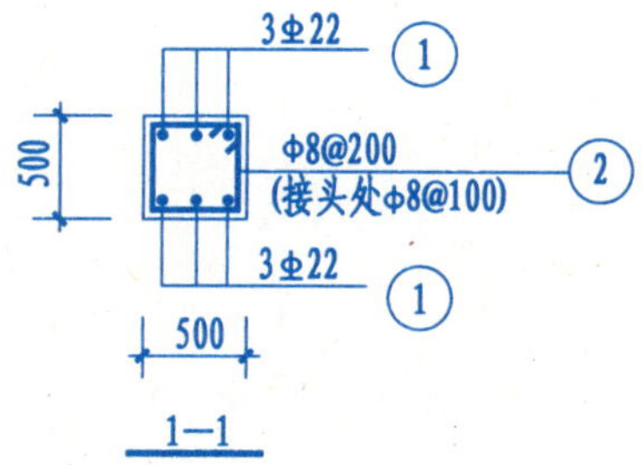

19　基础平面图和基础详图

专业		班级		姓名		学号	

(1)基础是位于墙或柱下端的承重构件,埋置于地面以下。基础的种类很多,常见的是________基础、________基础。

(2)基础平面图是用一个假想的水平面紧贴________剖切后,移去房屋上部和基坑内的泥土后形成的水平剖面图。在基础平面图中,只画出基础墙和柱的断面图、基础底面的投影。

(3)基础平面图的主要内容是:①________;②________;③________;④________;⑤________;⑥________;⑦________。

(4)阅读基础平面图和基础详图,回答下列问题:

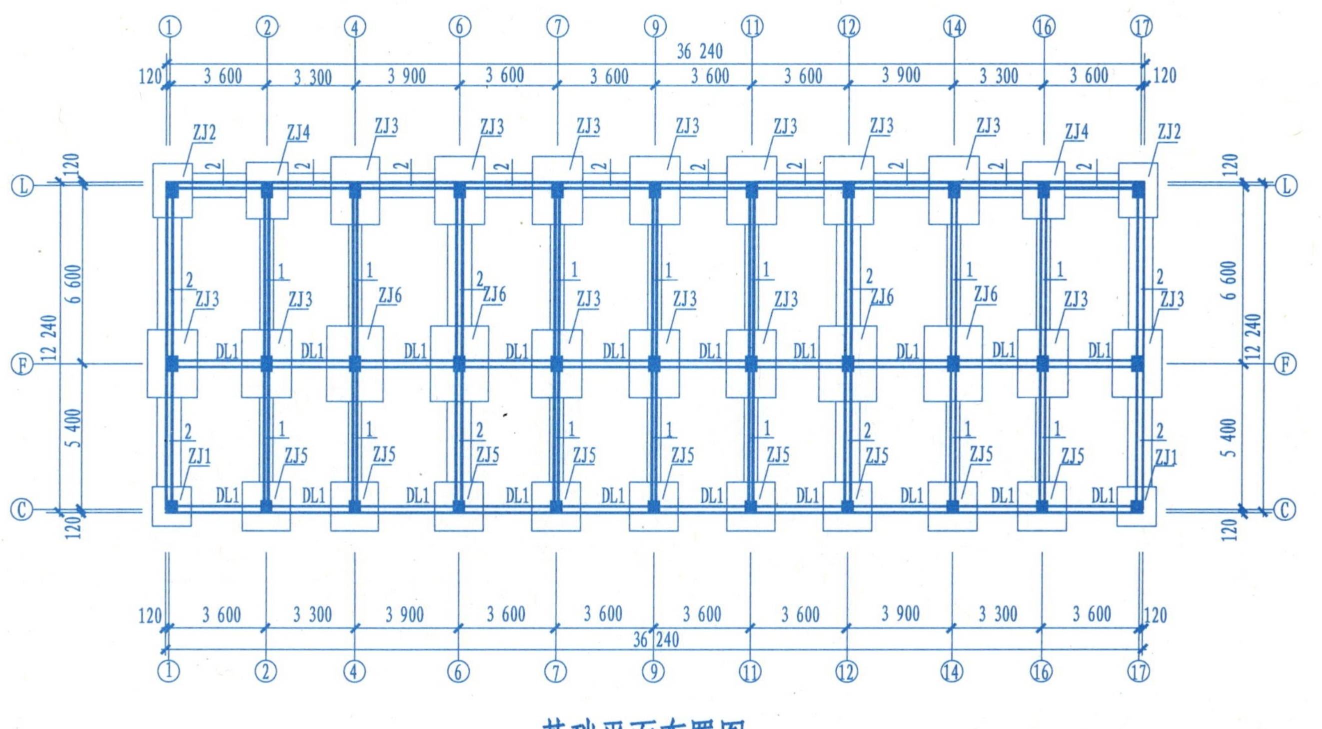

基础平面布置图

柱基明细表

基础编号	柱断面	基础平面尺寸											基础高度							基础预留柱插筋						基础底板配筋		备注
	$b \times h$	A	a_1	a_2	a_3	a_4	B	b_1	b_2	b_3	b_4	b_5	H	h_j	h_0	h_1	h_2	h_3	h_4	①	②	③	密箍	L_d	L	④	⑤	
ZJ1	450×450	1 450	500				1 450	500					2 500	400	2 100	400										10⌀12@150	10⌀12@150	
ZJ2	450×600	2 000	700				1 450	500					2 500	400	2 100	400										10⌀14@150	14⌀12@150	
ZJ3	450×600	2 500	300	650			1 850	300	400				2 500	600	1 900	300	300									13⌀14@150	17⌀12@150	
ZJ4	450×600	2 100	750				1 550	550					2 500	500	2 000	500										11⌀12@150	15⌀12@150	
ZJ5	450×450	1 800	675				1 800	675					2 500	500	2 000	500										13⌀12@150	13⌀12@150	
ZJ6	450×600	2 800	400	700			2 150	400	450				2 500	700	1 800	400	300									15⌀14@150	19⌀14@150	

19 基础平面图和基础详图

专业		班级		姓名		学号	

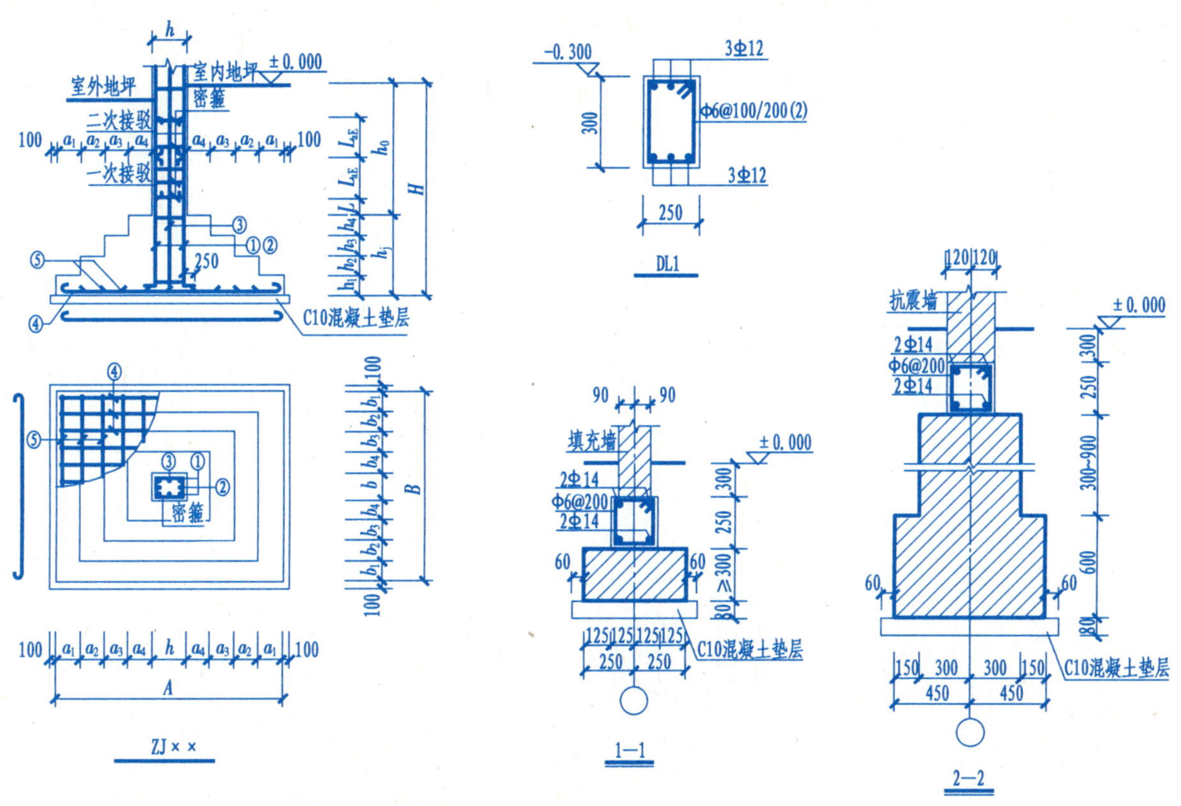

基础说明

1. 根据本工程的地勘报告进行基础设计，基础型式为柱下独立柱基和墙下条形基础；基础置于稳定的基岩上，地基承载力特征值为300 kPa；嵌岩深度不少于500 mm。
2. 本工程地基基础设计等级为丙级，场地类别为Ⅱ类。
3. 混凝土强度等级：基础垫层：C10；独立柱基础、地梁及地圈梁：C20。
4. 钢筋保护层厚度：柱为30 mm，其余均为40 mm。
5. 基础挖至设计标高后，应取样试压，达设计要求后，由相关单位验槽后，才能进行基础施工。
6. 在施工过程中，如遇不良地质情况或者施工图说不明者，应及时会同设计单位共同协商解决。
7. 条形基础下均设80厚C10细石混凝土垫层。
8. 地面以下砌体材料强度等级为：煤矸石砖MU15，条石MU30，水泥砂浆M5.0。
9. 除图中注明外，柱中心与独立柱基中心重合。
10. 除上述注明外，尚应遵照有关施工验收规范和规程以及总说明进行施工。

①图中有________种不同尺寸的独立基础，其编号是________________。

②图中有________种不同尺寸的条形基础。

③哪几条轴线上的墙是抗震墙，写出其轴线编号：________。

④独立基础混凝土强度等级是________，钢筋保护层厚________。

⑤编号为ZJ3的独立基础有________个，基底尺寸是________，基础高________。基础底面配筋：④号钢筋是________，⑤号钢筋是________。

⑥抗震墙条形基础所用材料是________，抗震墙基础中心线与其上的抗震墙中心线________，抗震墙厚________，抗震墙下圈梁纵向钢筋是________，箍筋是________。

20 楼层结构平面图	专业		班级		姓名		学号	

(1)楼层结构平面图是用一个假想的紧贴该层结构面的水平面剖切后而得到的水平________图。

(2)楼层结构平面图表示楼面板及其下面的墙、梁、柱等________构件的平面布置。

(3)楼层结构平面图的主要内容有：①________________；②________________；③________________；④________________；⑤________________。

(4)"8YKB3305-5"表示________块预应力空心板，板轴跨长________，板宽________，荷载等级为________级。

(5)阅读结构平面布置图：

①三层顶结构标高是________。

②图中的"bkB"表示预应力空心板(地方标准图集符号)，GL 表示________，XB 表示________，GZ 表示________，XBD 表示现浇板带，HTL 表示楼梯梁，厨房结构标高 H 为 -0.100 m，表示其标高低于本楼层结构标高________。

③三层顶需要 bKB3906-5 板共________块。

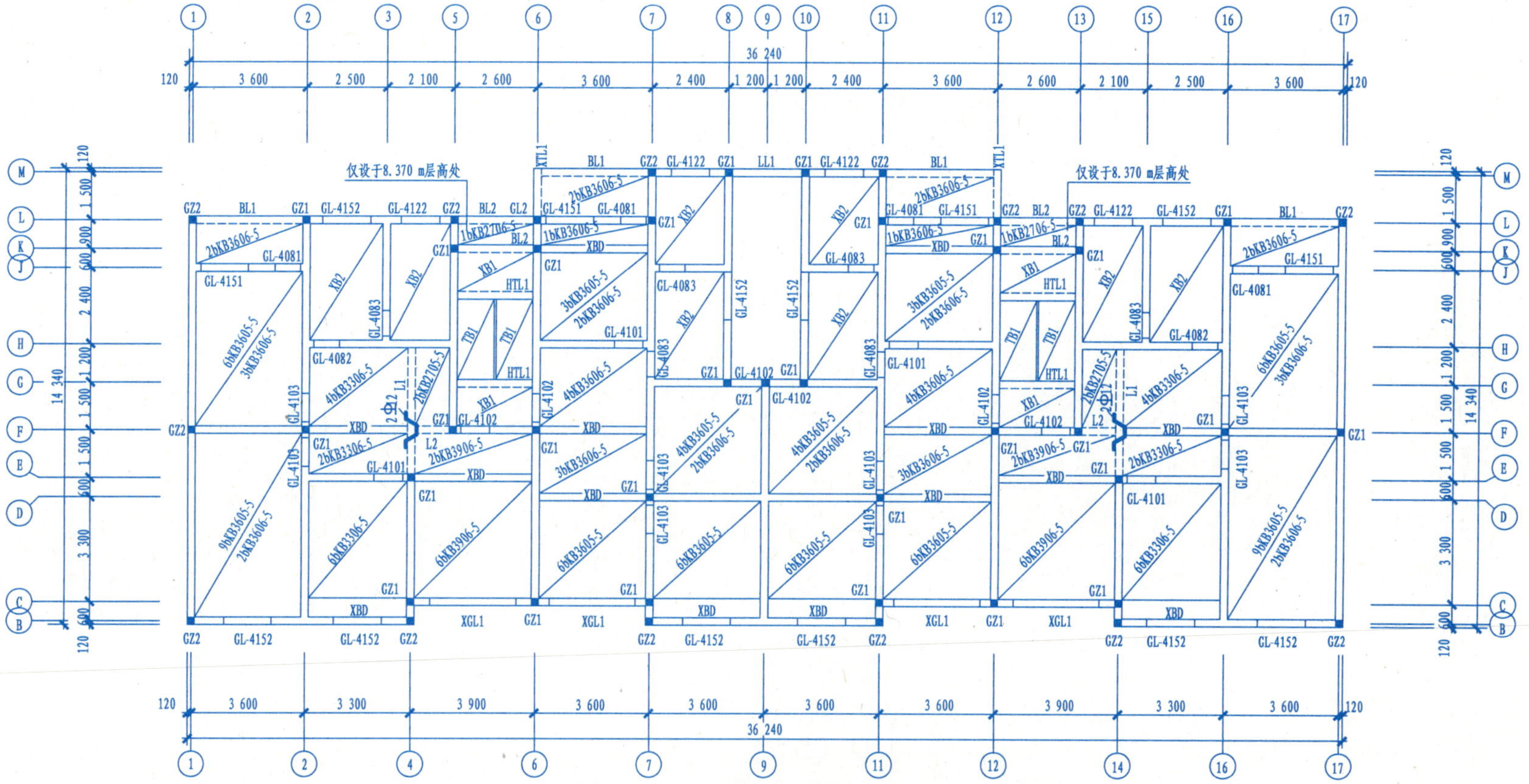

二~三层顶结构平面布置图

注：1.本层结构标高分别为6.870 m，9.870 m；厨房结构标高H为-0.100 m，卫生间结构标高为H为-0.300 m。

2.XGL1现浇过梁纵筋锚入两端构造柱内。

3.凡主次梁相交处主梁两侧箍筋各加密三道，加密箍间距50 mm。

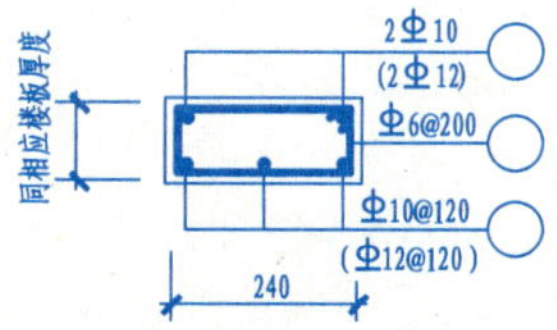

XBD 混凝土C25

注：括号数用于当板带长>3.9 m时，其余用于当板带长<3.9 m时。

21 混凝土结构施工图平面整体表示方法	专业		班级		姓名		学号	

(1)把混凝土结构构件的尺寸和钢筋配置等整体直接表达在这些构件的结构平面布置图上的制图方法,称为混凝土结构施工图平面整体表示方法,简称________。

(2)平法绘制的结构施工图必须和________________详图相配合才能构成完整的结构施工图。(建议师生配备国家建筑设计标准:03G101-1、03G101-2、03G101-4)。

(3)平法的注写方式有3种:________________、________________、________________。

(4)平面注写方式由________标注和________标注两部分组成。

(5)平法规定,梁的集中标注包括6项内容:________________、________________、________________、________________、________________、________________。

(6)平法规定,梁的原位标注包括:________________________________、________________________________、________________________________。

(7)梁的各个部位有的数值是相同的,也有的数值不同,在标注时,将相同的(通用)数值集中标注,不同数值原位标注。施工时,________标注取值优先。

(8)梁的集中标注

①"KL1(3A)"表示编号为1的框架梁是________跨连续梁,一端有________梁。

②"L5(2B)"表示编号为5的梁是2跨连续梁,________端有________梁。

(9)梁的集中标注中,梁的截面是"300×600 Y300×150",表示该梁是加腋梁,腋长________ mm,腋高________ mm,请标注在下图中。

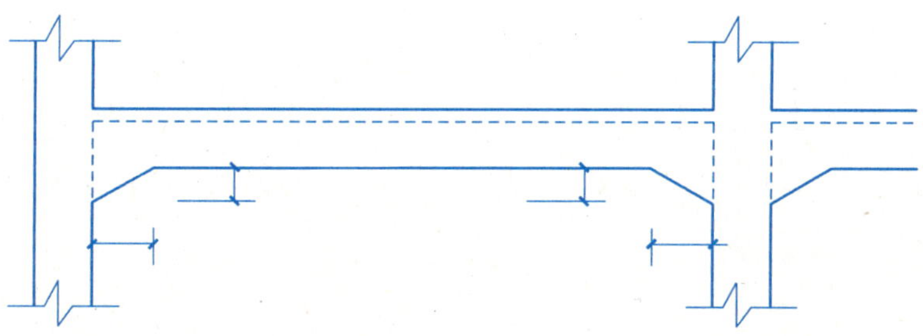

(10)下面悬挑梁原位标注是"300×600/400",请在对应位置标上其数值。

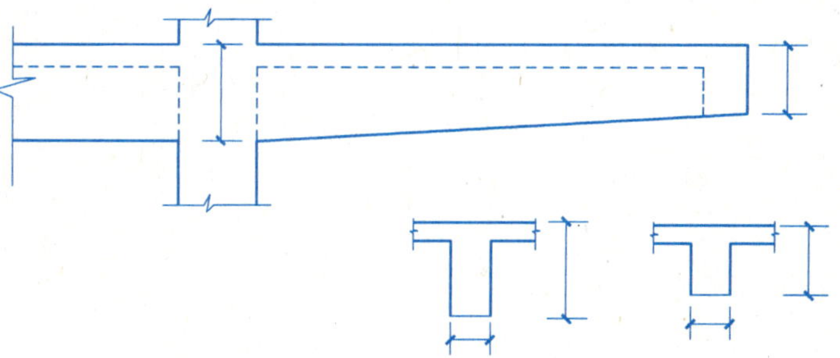

(11)梁集中标注的箍筋

①“ϕ8@100/200(2)”表示直径为________的________肢箍筋在加密区间距________,非加密区间距________。

②“ϕ10@100(4)/200(2)” 表示直径为________的________肢箍筋在加密区间距________;直径为________的________肢箍筋在非密区间距________。

③“15ϕ10@150(4)/200(2)” 表示直径为________的________肢箍筋在加密区(梁的两端)各有________个;间距150;直径为________的________肢箍筋在非密区间距________。

(12)梁上部纵向钢筋标注(集中标注)

①“2⌀22+(3⌀18)”表示梁上部同排纵筋中,角筋是________,中部架立筋是________。

②“2⌀20;3⌀25”表示梁的________部通长纵向钢筋是________。

(13)(集中标注)梁侧面的纵向构造钢筋用大写字母________表示,抗扭钢筋用大写字母________表示。

(14)梁支座上部纵向钢筋标注(原位标注)。

①梁支座上部纵向钢筋标注是“6⌀22 4/2”,表示该支座上部纵向钢筋是________排,其中上排钢筋是________,下排钢筋是________。

②梁支座上部纵向钢筋标注是“2⌀25+3⌀22”,表示该支座上部纵向钢筋是________排,角部钢筋是________,中部钢筋是________。

(15)梁下部纵向钢筋(原位标注)。

①梁下部纵向钢筋标注为“5⌀22 2/3”,表示该梁下部纵向钢筋是________排,上排钢筋是________,分布在梁的两边;下排纵向钢筋是________。

②梁下部纵向钢筋标注为“2⌀22+3⌀20”, 表示该梁下部纵向钢筋是________排,角筋是________,中部钢筋是________。

③梁下部纵向钢筋标注为“5⌀22 2(-2)/3”,表示该梁下部纵向钢筋是________排,上排是________,分布在梁的两边,不伸入支座;下排纵向钢筋是________,全部伸入支座下部。

④“2⌀25+2⌀22(-2)/4⌀25”, 表示该梁下部纵向钢筋是________排,上排是________________,其中________不伸入支座下部;下排钢筋是________,伸入支座下部。

(16)梁上附加箍筋或吊筋直接画在结构平面布置图中的________梁上,用线引注总配筋值。

(17)下图右下角梁KL6(1)的集中标注表示:____。

原位标注表示:____。

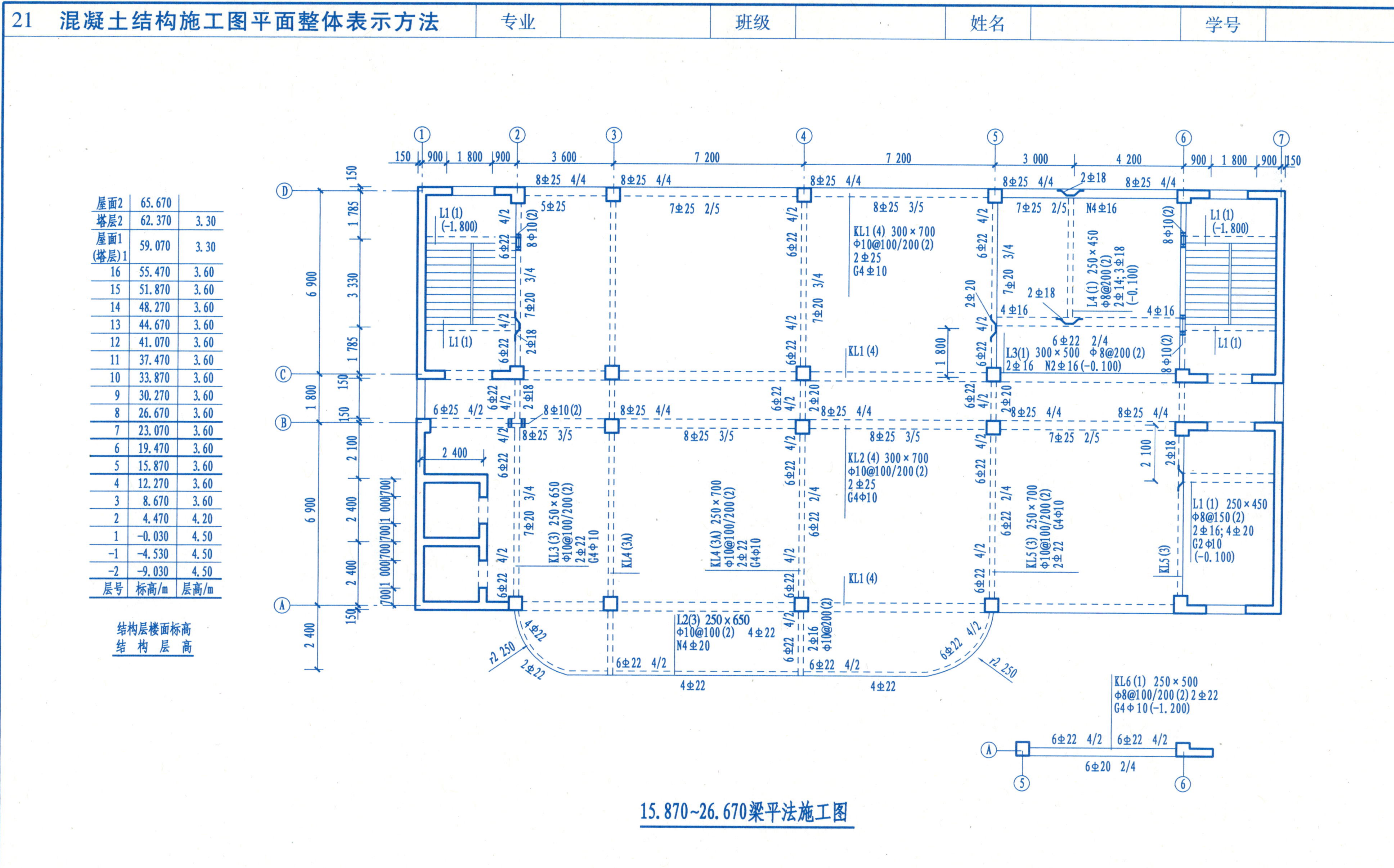

层号	标高/m	层高/m
屋面2	65.670	
塔层2	62.370	3.30
屋面1 (塔层)1	59.070	3.30
16	55.470	3.60
15	51.870	3.60
14	48.270	3.60
13	44.670	3.60
12	41.070	3.60
11	37.470	3.60
10	33.870	3.60
9	30.270	3.60
8	26.670	3.60
7	23.070	3.60
6	19.470	3.60
5	15.870	3.60
4	12.270	3.60
3	8.670	3.60
2	4.470	4.20
1	-0.030	4.50
-1	-4.530	4.50
-2	-9.030	4.50

结构层楼面标高
结 构 层 高

15.870~26.670梁平法施工图

(18)现浇混凝土楼面板代号 LB 表示________,WB 表示________,YXB 表示________,XB 表示________。符号 B 表示________,T 表示________,B&T 表示________,X 表示________,Y 表示________,X&Y 表示________。

(19)现浇混凝土楼面(屋面)板平面注写方式主要包括:________和________两部分。板支座原位标注,包括板支座上部非贯通纵筋和纯悬挑板上部受力钢筋配置的标注。

(20)下图为有梁楼盖,其中板块编号为 LB5 的集中标注表示:板厚(h)________,板的下部(B)X 方向贯通纵筋是________,板的下部 Y 方向贯通纵筋是________。其中编号为 LB3 的板块,板厚________,下部钢筋是________,上部钢筋是________,再加上部支座处________钢筋。其中板块编号为 LB4 的板块有________块。其中①号钢筋是板支座上部非贯通构造钢筋,直径是________,沿________轴,间距为________。

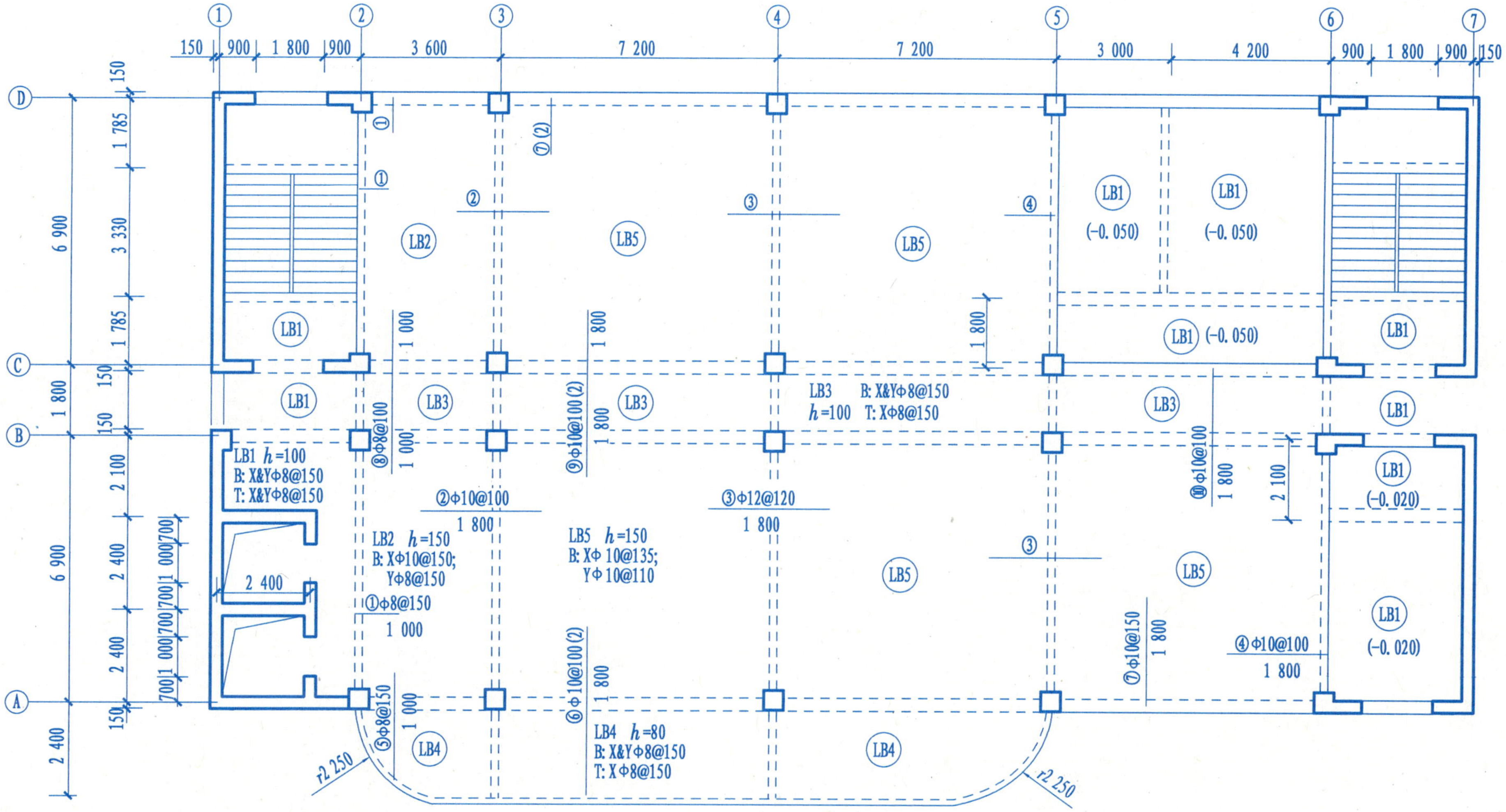

15.870~26.670板平法施工图

(21)柱的列表注写方式主要由柱表和柱平面布置图组成。

①框架柱代号________,梁上柱代号________。

②当柱纵筋直径相同,各边根数也相同时,将纵筋统一注写在________栏中。

③在下图中查找第10层楼的KZ1的下底标高________,柱高________,属________________柱段,截面尺寸为________,角筋是________,b边中部配筋________,h边中部配筋是________,箍筋类型是________,箍筋配置是________________。

屋面2	65.670	
塔层2	62.370	3.30
屋面1(塔层1)	59.070	3.30
16	55.470	3.60
15	51.870	3.60
14	48.270	3.60
13	44.670	3.60
12	41.070	3.60
11	37.470	3.60
10	33.870	3.60
9	30.270	3.60
8	26.670	3.60
7	23.070	3.60
6	19.470	3.60
5	15.870	3.60
4	12.270	3.60
3	8.670	3.60
2	4.470	4.20
1	-0.030	4.50
-1	-4.530	4.50
-2	-9.030	4.50
层号	标高/m	层高/m

结构层楼面标高
结构层高

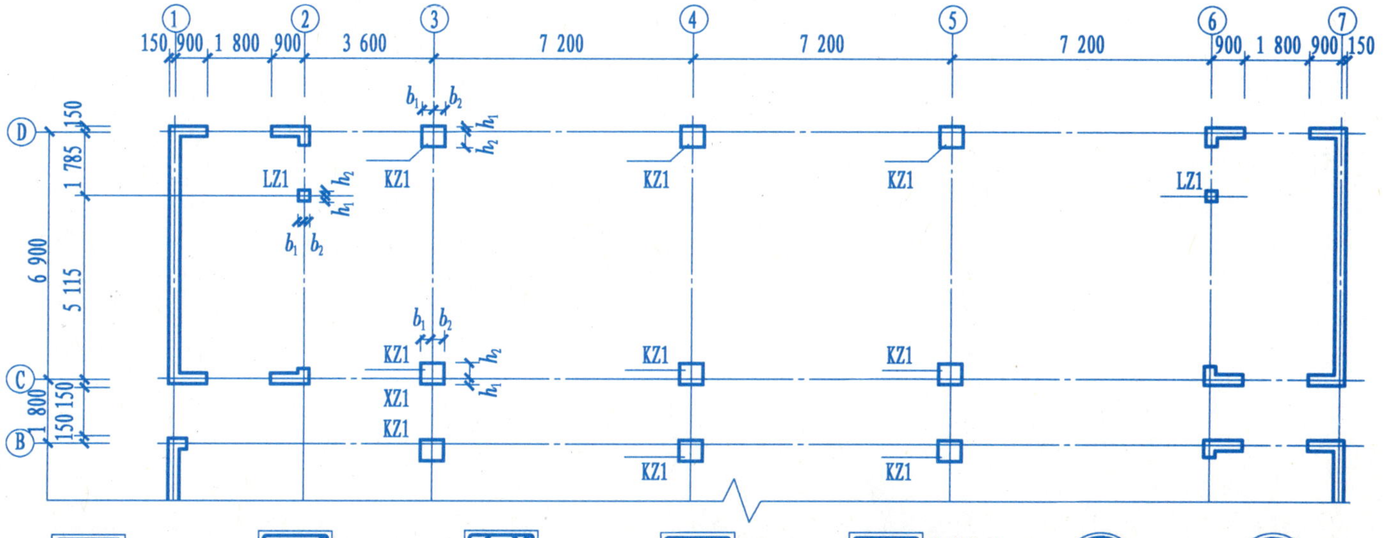

柱表

柱号	标 高	$b\times h$(圆柱直径D)	b_1	b_2	h_1	h_2	全部纵筋	角筋	b边一侧中部筋	h边一侧中部筋	箍筋类型号	箍筋	备 注
KZ1	-0.030~19.470	750×700	375	375	150	550	24⏀25				1(5×4)	Φ10@100/200	
	19.470~37.470	650×600	325	325	150	450		4⏀22	5⏀22	4⏀20	1(4×4)	Φ10@100/200	
	37.470~59.070	550×500	275	275	150	350		4⏀22	5⏀22	4⏀20	1(4×4)	Φ8@100/200	
XZ1	-0.030~8.670						8⏀25				按标准构造详图	Φ10@200	③×Ⓑ轴KZ1中设置

-0.030~59.070柱平法施工图(局部)

(22)柱的截面注写方式由集中标注和原位标注两部分组成。

①集中标注的内容是：____________，____________，____________，____________。

②当纵筋采用两种直径时，只集中标注角筋，再原位注写截面各边____________。

③当纵筋采用一种直径且图示清楚时，则将________标注在集中标注栏内。

④将下图中 KZ2 和 LZ1 的有关数据填入柱表中。

柱号	$b \times h$	b_1	b_2	h_1	h_2	全部纵筋	角筋	中部筋		箍筋类型号	箍筋
								b 边	h 边		
KZ2											
LZ1											

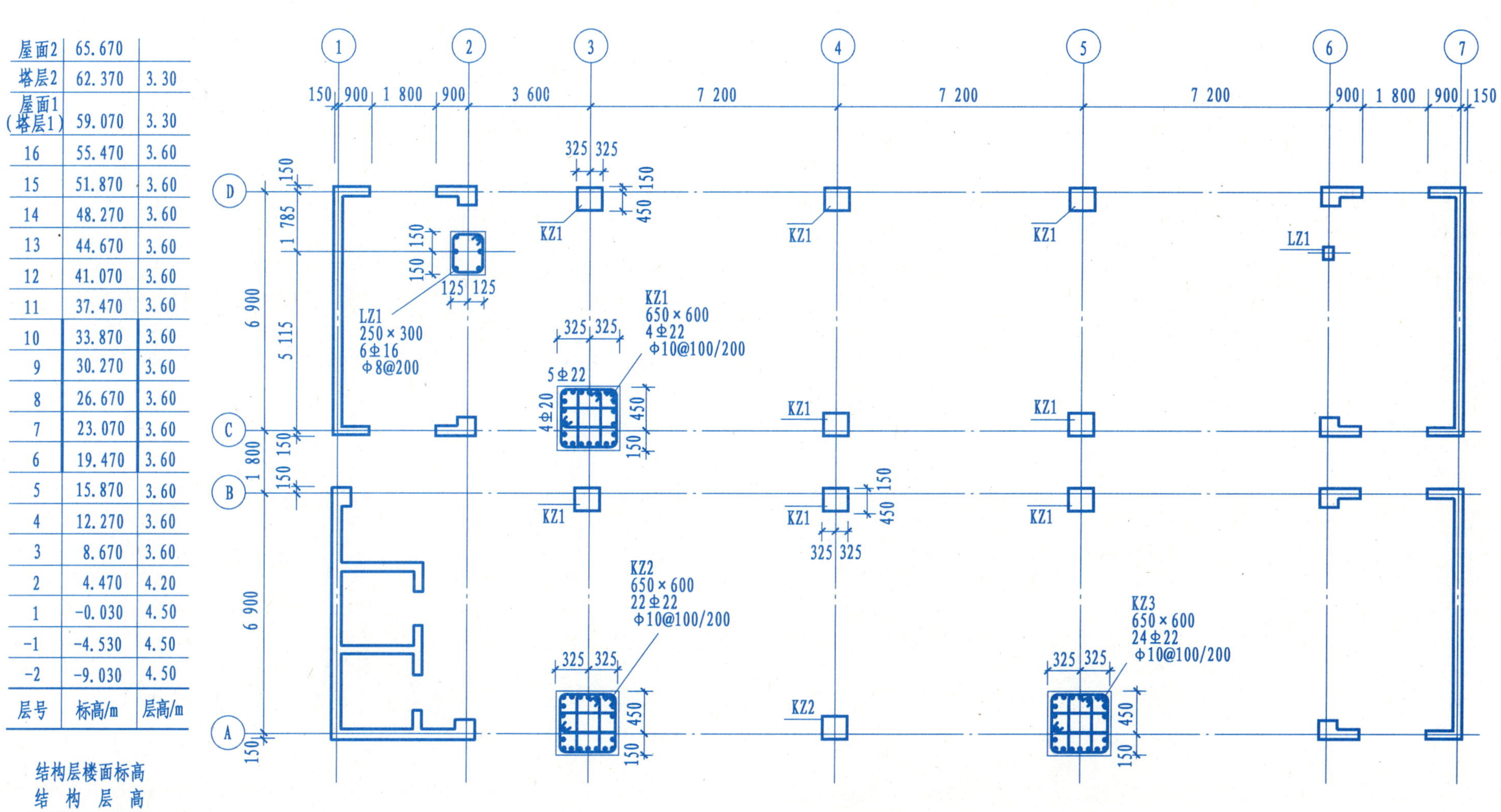

屋面2	65.670	
塔层2	62.370	3.30
屋面1(塔层1)	59.070	3.30
16	55.470	3.60
15	51.870	3.60
14	48.270	3.60
13	44.670	3.60
12	41.070	3.60
11	37.470	3.60
10	33.870	3.60
9	30.270	3.60
8	26.670	3.60
7	23.070	3.60
6	19.470	3.60
5	15.870	3.60
4	12.270	3.60
3	8.670	3.60
2	4.470	4.20
1	-0.030	4.50
-1	-4.530	4.50
-2	-9.030	4.50
层号	标高/m	层高/m

结构层楼面标高
结构层高

19.470~37.470柱平法施工图

22 钢筋混凝土板式楼梯平法施工图	专业		班级		姓名		学号	

(1)在国家建筑设计标准 03G101—2 中查找到下图楼梯(AT 型楼梯)截面形状与支座位置示意图在第________页,其楼梯板钢筋构造详图在第________页,其楼层、层间平台板构造详图在第________页。

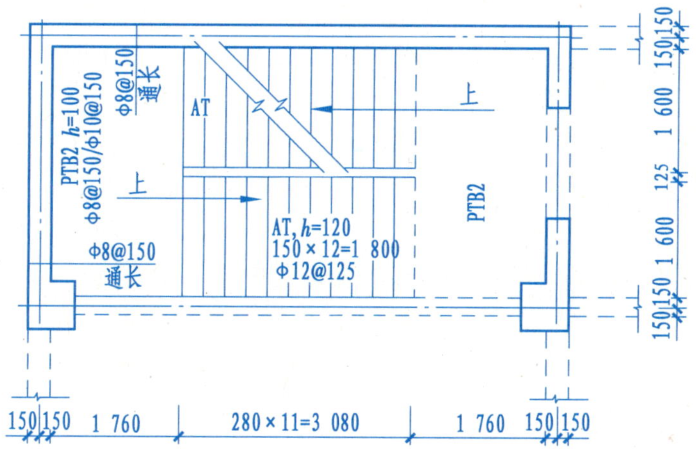

(2)钢筋混凝土板式楼梯平面注写方式由__________标注和__________标注两部分组成。

(3)踏步段集中标注内容是:

①______________________________;

②______________________________;

③______________________________;

④______________________________。

(4)平台板集中标注内容是:

①______________________________;

②______________________________;

③______________________________;

④______________________________。

(5)阅读国家建筑设计标准 03G101—2 中 DT 型楼梯设计示例(第 22 页)。该图是 DT 型________号楼梯,梯板厚________,楼梯踏步宽________,踏步高________,每一踏步段有______个踏步,每一踏步段总高________,梯板净宽________;梯板纵向钢筋是________,分布钢筋是________。其截面形状与支座位置示意图在第________页。

23　给水排水施工图	专业		班级		姓名		学号	

(1)室内给排水施工图是表示________________________________的图样。

(2)一套完整的室内给排水施工图一般包括:________________、________________、________________、________________。

(3)给排水施工图设计总说明主要内容有:________________、________________、________________、________________、________________、________________。

(4)室内给排水平面图一般包括:________________平面图、________________平面图、________________平面图。

(5)给排水系统轴测图具体表达____。

(6)一般室内给水管道标高是指________________标高,排水管道标高是指________________标高。

(7)建筑电气施工图一般由 7 个部分组成,即:______________、______________、______________、______________、______________、______________、______________。

(8)建筑电气工程包括:______________工程、______________工程、______________工程、______________工程。

(9)阅读教材 P132 ~ P139 商住楼室内给排水施工图,回答下列问题:

①给水流程是:室外引入管(管径________mm)→干管(管径________mm)→支管(管径________mm)→用水设备。

②排水流程是:排水设备→支管(管径________mm)→干管(管径________mm)→排出室外管道(管径________mm)。

③室外引入管标高________m,分户干管标高 $h+$________m。支管(水龙头)标高 $h+$________m。

④排水支管标高 $h+$________m,室外排出管标高________m。

⑤两种户型卫生间楼面各应预留__________个孔洞。

⑥两种户型厨房楼面各应预留__________个孔洞。

24　AutoCAD 绘图技术	专业		班级		姓名		学号	

(1)熟悉 AutoCAD 界面(标题栏、菜单栏、工具栏、绘图区、命令行、状态栏)。

(2)练习调出和隐藏工具栏,熟悉常用绘图和编辑命令,在工具栏上找到相应图标及在键盘上的快捷键,熟练鼠标操作。

(3)运用基本绘图和编辑命令绘制下列图形(综合使用点、直线、弧线、圆、圆环、矩形、椭圆、多边形、图形选择、对象捕捉、修剪、圆角、复制、镜像等命令)。

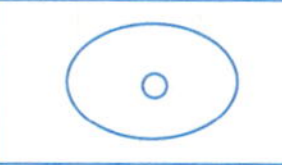  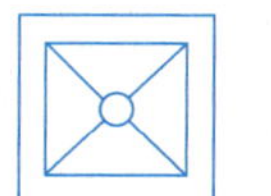 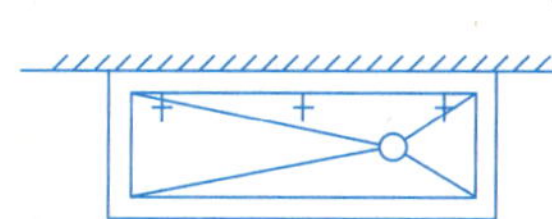 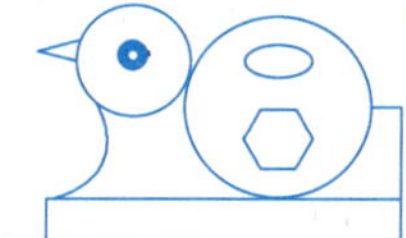 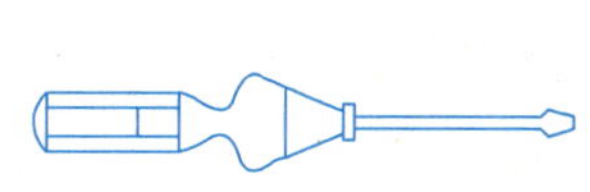 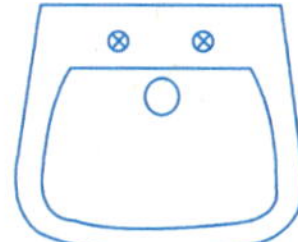 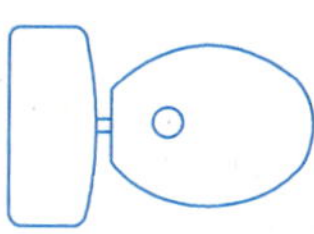   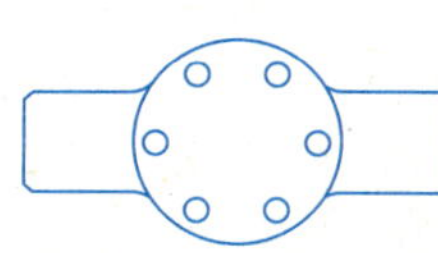

(4)绘制下列图形(注意多段线的编辑及绘制,熟练辅助绘图命令及快捷键操作)。

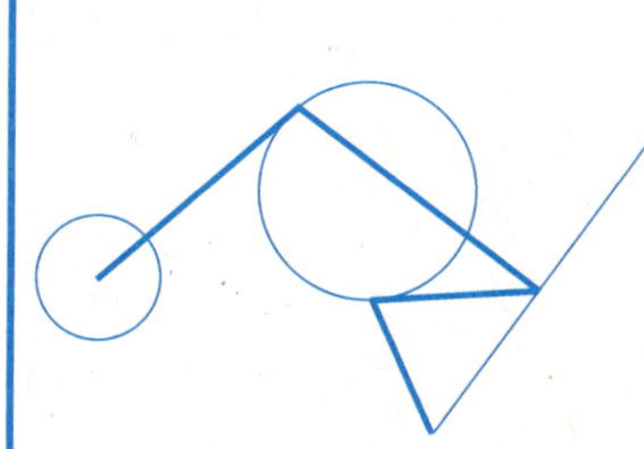      

(5)绘制下列图形(注意线型、线宽的设置及阵列、偏移等命令的应用)。

 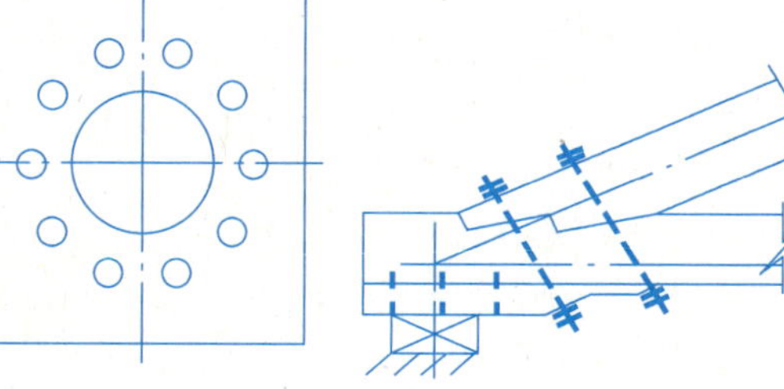 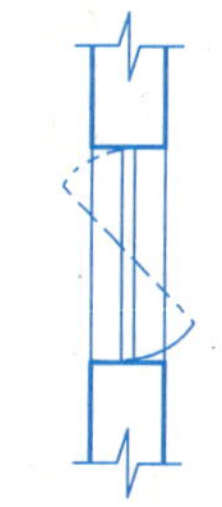 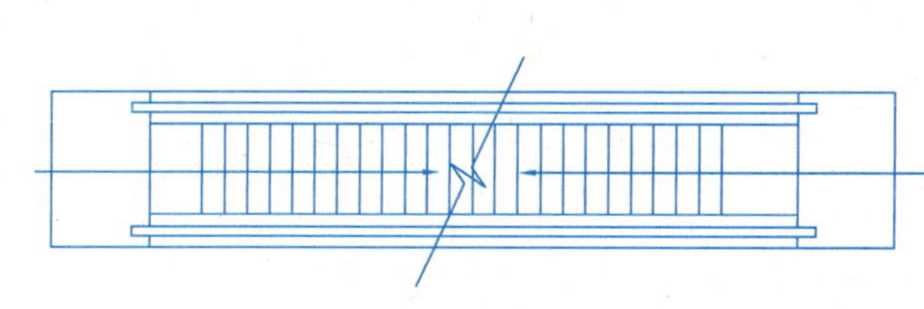 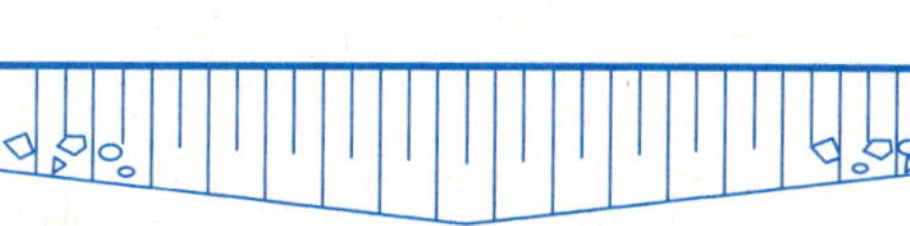

(6)绘制下列图形(注意图案填充设置及操作,熟练制作图块备用)。

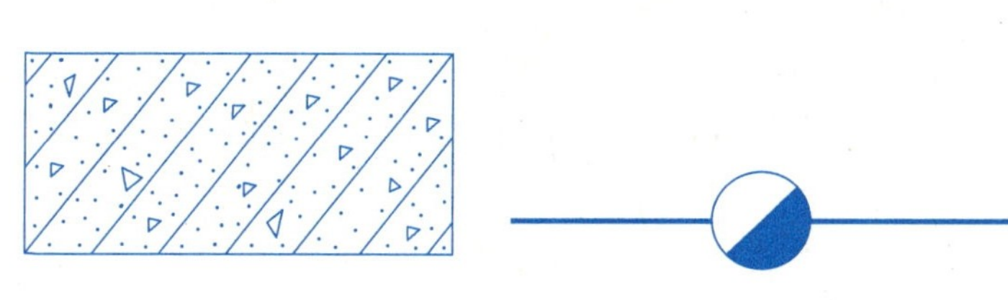

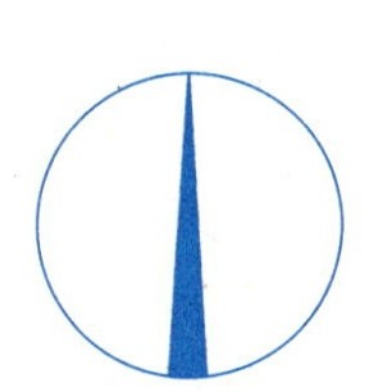
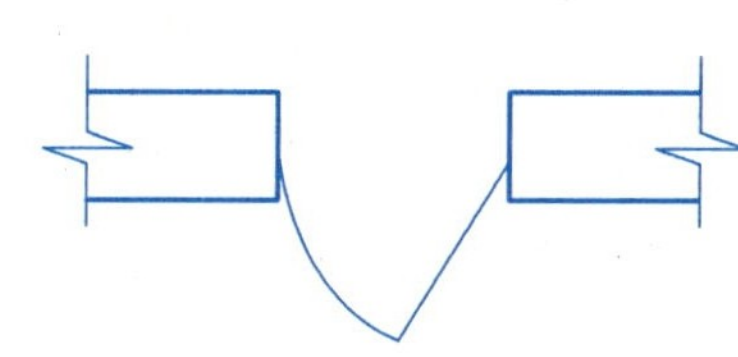

(7)绘制下列图形(熟练运用多线及多线编辑,绘制建筑墙体并插入门窗等图块)。

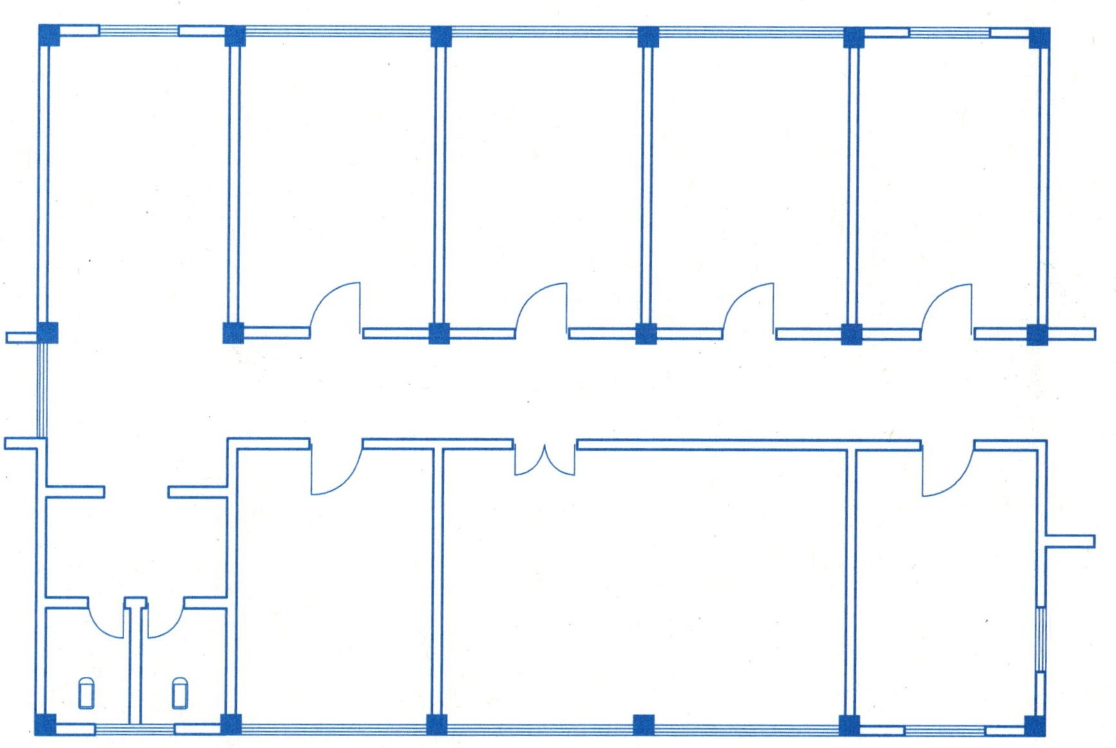

专业		班级		姓名		学号	

(8)设置绘图环境,按尺寸 1:1 绘制、标注右侧图形,按 1:10 的比例出图。

①参照右侧图层设置,并在相应图层绘制此图形元素。

a. 缺省图层 0 层,颜色选择白色,线型选择实线,线宽选为默认;

b. 中心线层,颜色选择白色,线型选择单点长画线,线宽 0.18 mm;

c. 轮廓线层,颜色选择红色,线型选择实线,线宽 0.35 mm;

d. 标注层,颜色选择白色,线型选择实线,线宽 0.18 mm。

②参照以下标注样式设置,熟练使用标注工具条中的各种标注按钮。

a. 尺寸界线超出尺寸线 30 mm,起点偏移量为 40 mm;

b. 箭头第一项、第二个均选为建筑标记,箭头大小为 20 mm;

c. 文字字高为 35 mm,文字位置垂直上方,水平置中,从尺寸线偏移 10 mm;

d. 调整选项为文字始终保持在尺寸界线之间,位于尺寸线上方,不带引线;

e. 主单位精度调整为 0。

(9)绘制下列图形(注意图层、尺寸标注的应用)。

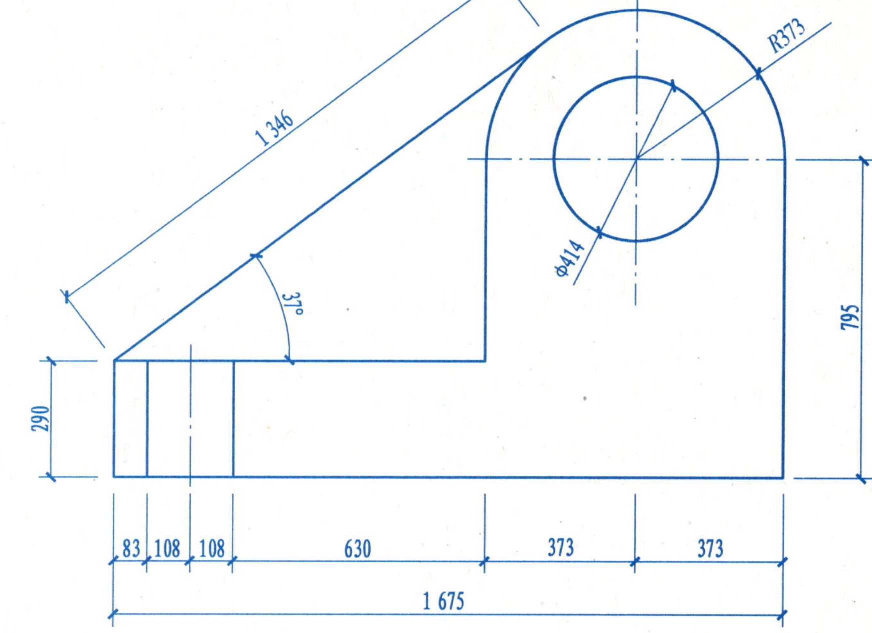

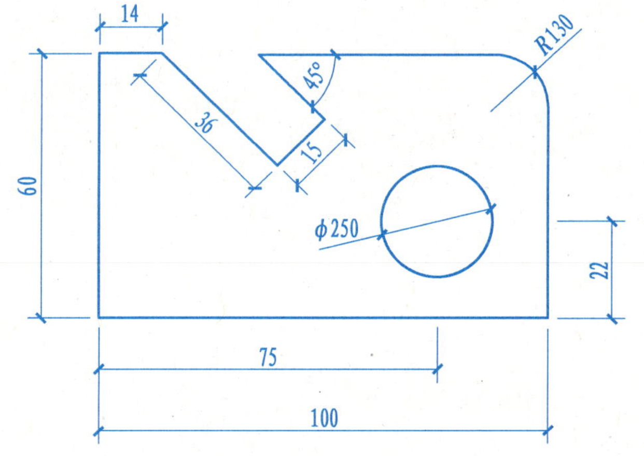

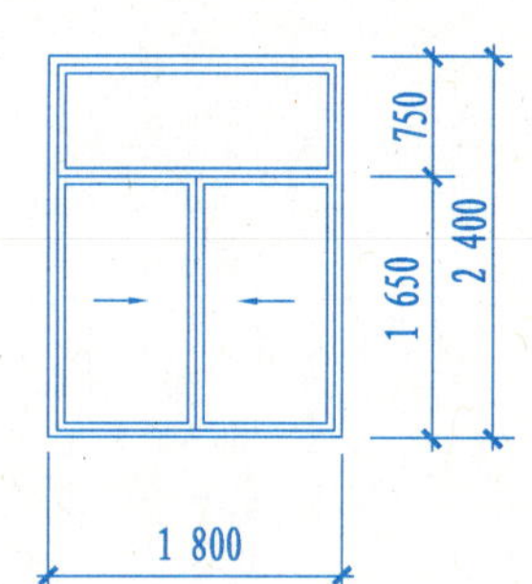

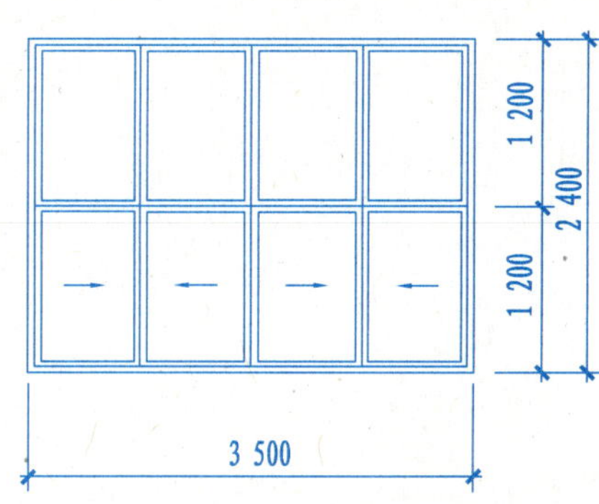

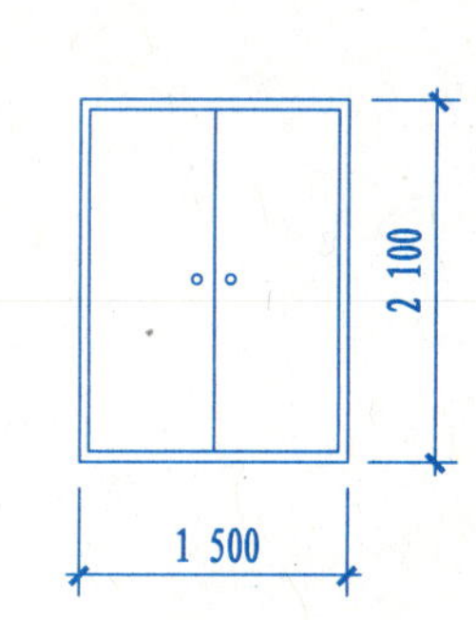

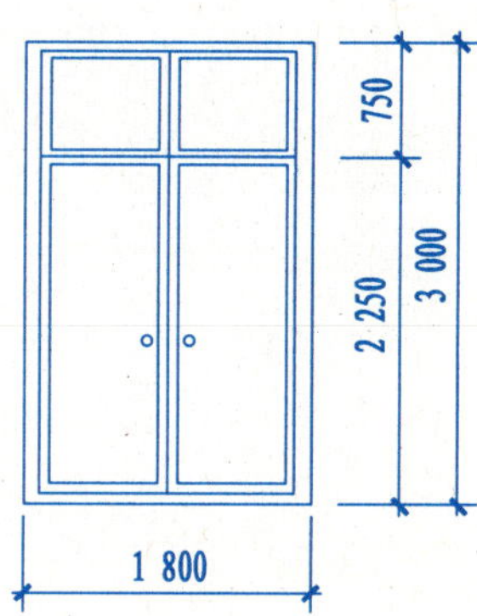

(10)绘制下列图形(注意文字样式设置及标注)。

桩基一览表

桩基编号	桩身截面类型	桩基尺寸						桩基配筋				单桩承载力设计值/kN	泥岩天然单轴抗压强度标准值/MPa
		d/mm	s/mm	b/mm	D/mm	h_1/mm	h_2/mm	①	②	③	④		
ZH-1	A	900	0	0	900	1 350	0	13 ⌀ 12	Φ8@200	⌀ 14@2 000	⌀ 12@200	6 452	24.0
	备注	①表中 b 和 h_2 为0,表示该桩不扩底。 ②表中 h_1 表示该桩嵌入持力层(基岩)的深度,且还应满足相邻桩应力传递角的要求。											

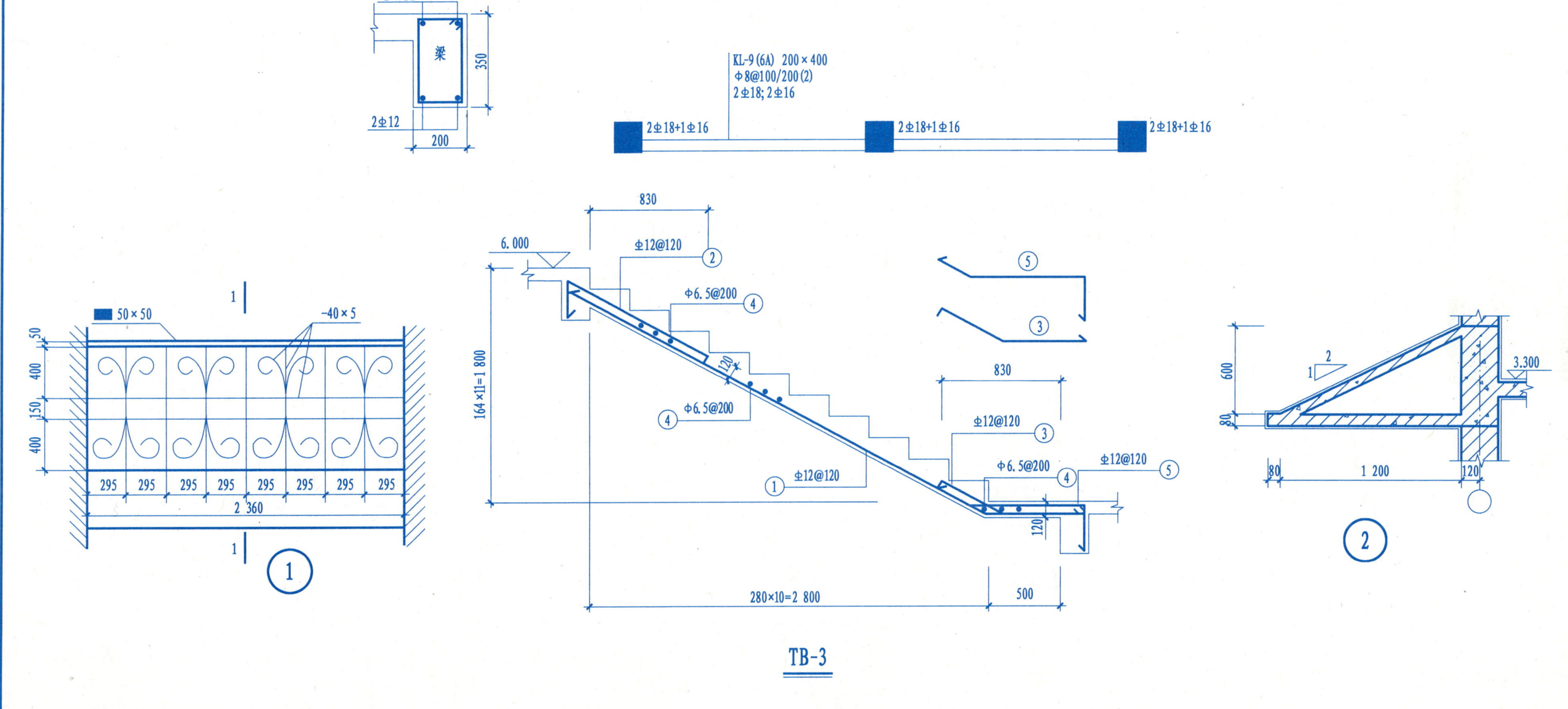

(11)绘制楼梯平面图(综合练习)。

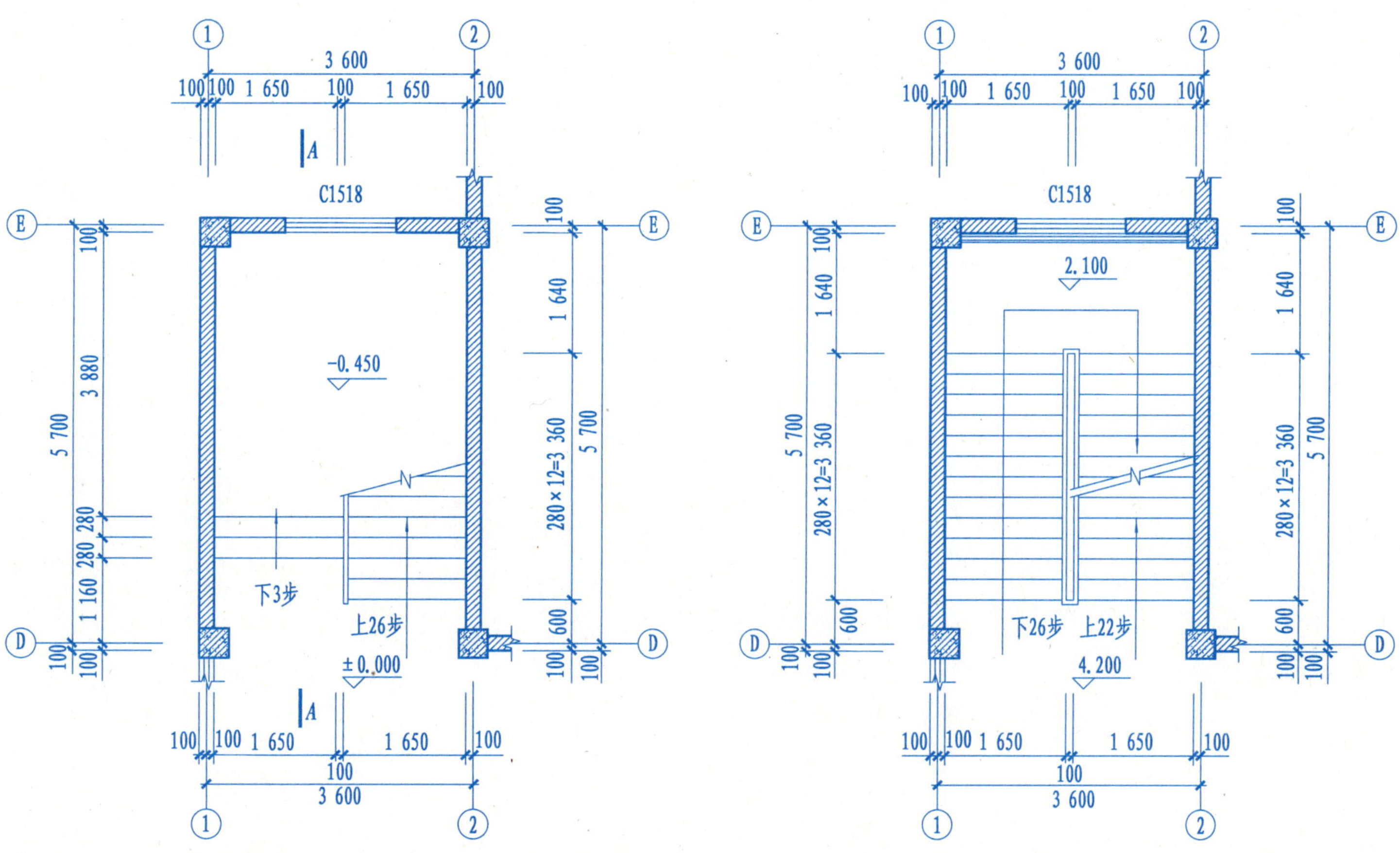

楼梯间一层平面图 1:50

楼梯间二层平面图 1:50

C1518

6.000

下22步

7.800

280×10=2 800

楼梯间三层平面图 1:50

(12)抄绘下列建筑平面图,按规范要求制作图框模板,插入标题栏图块,打印出图。

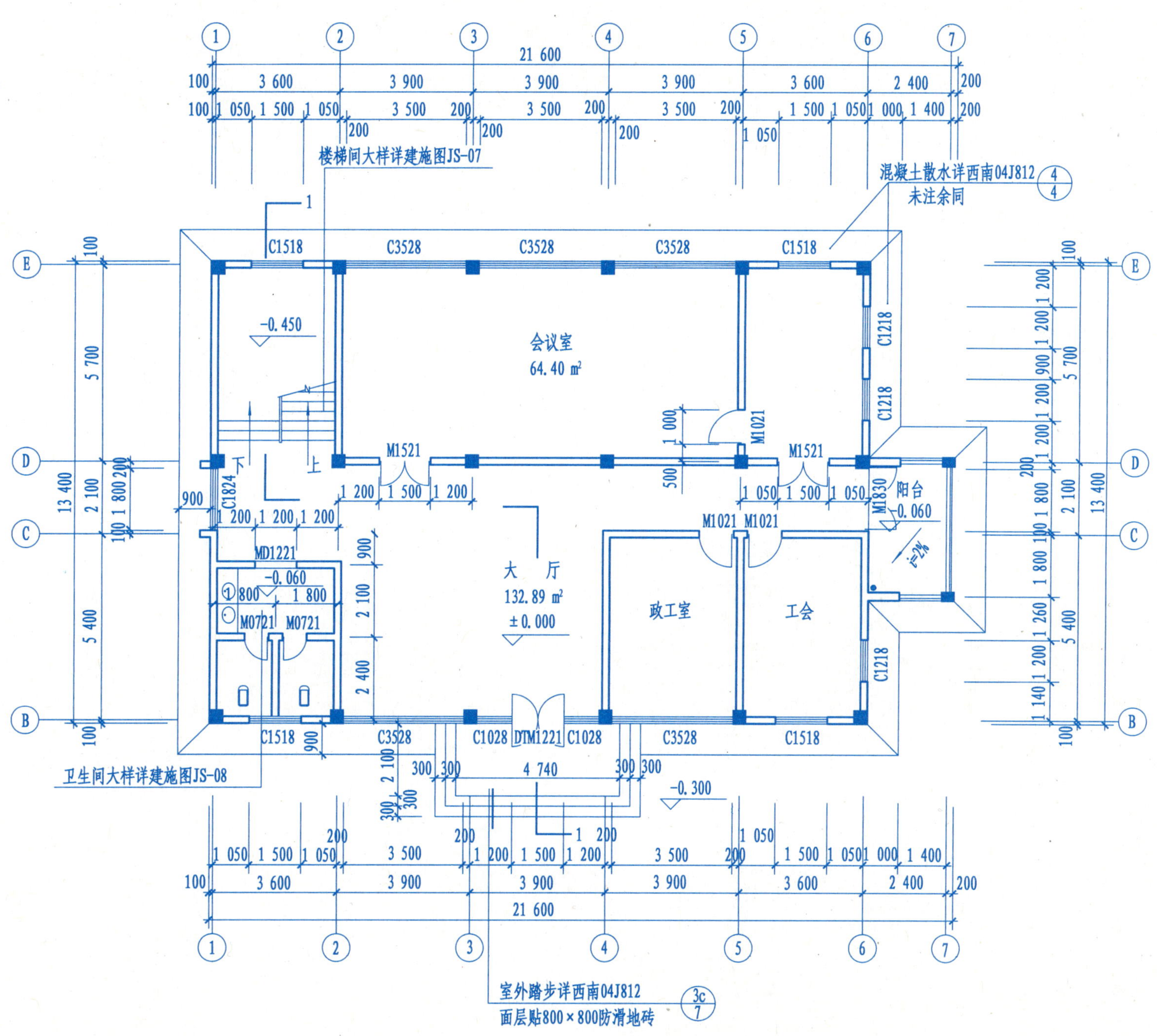

办公楼一层平面图 1:100

专业		班级		姓名		学号	

(13)绘制下列立面图,按规范要求制作图框模板,插入标题栏图块,打印出图。

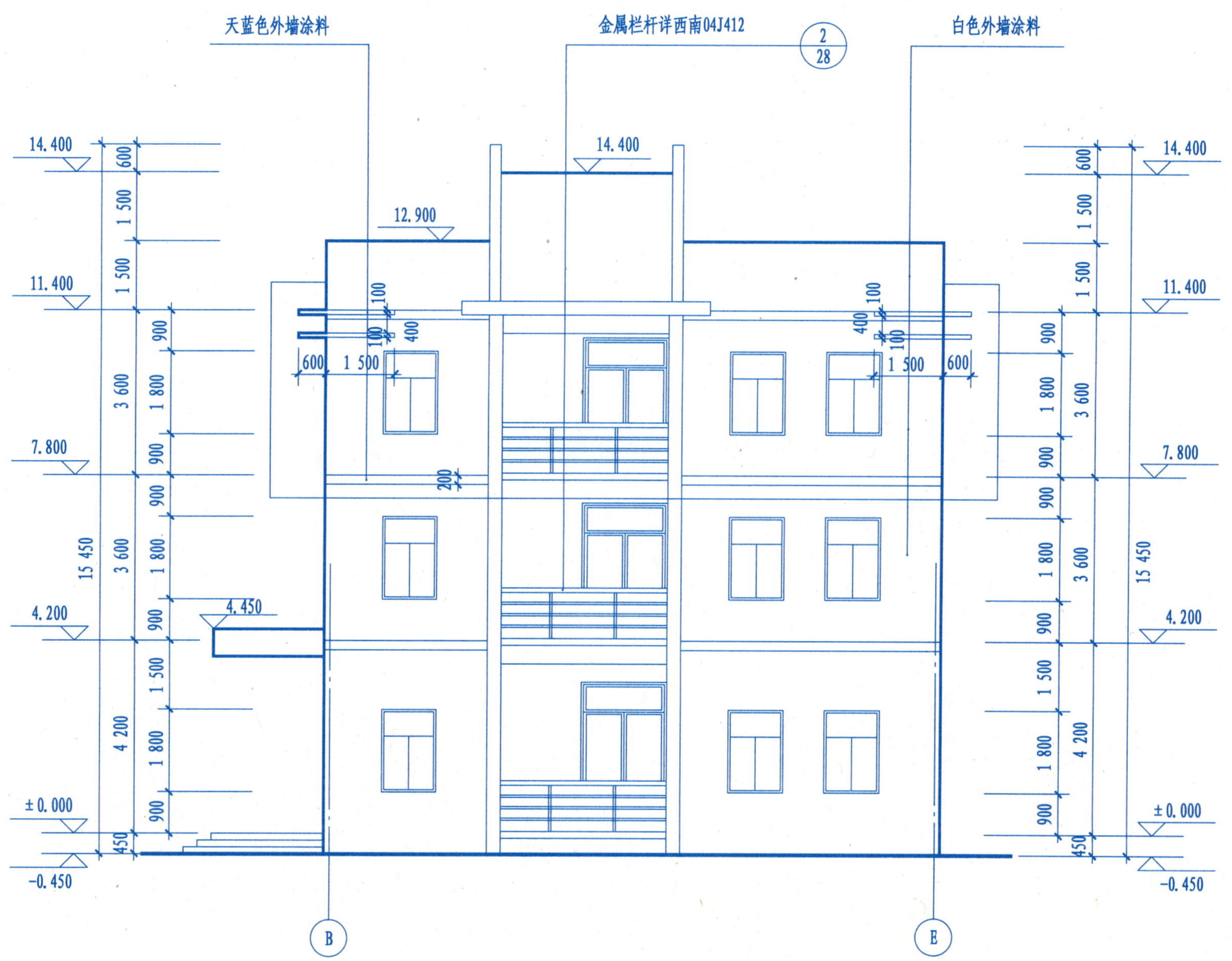

Ⓑ—Ⓔ轴立面图 1:100

专业		班级		姓名		学号	

(14)绘制下列剖面图,按规范要求制作图框模板,插入标题栏图块,打印出图。

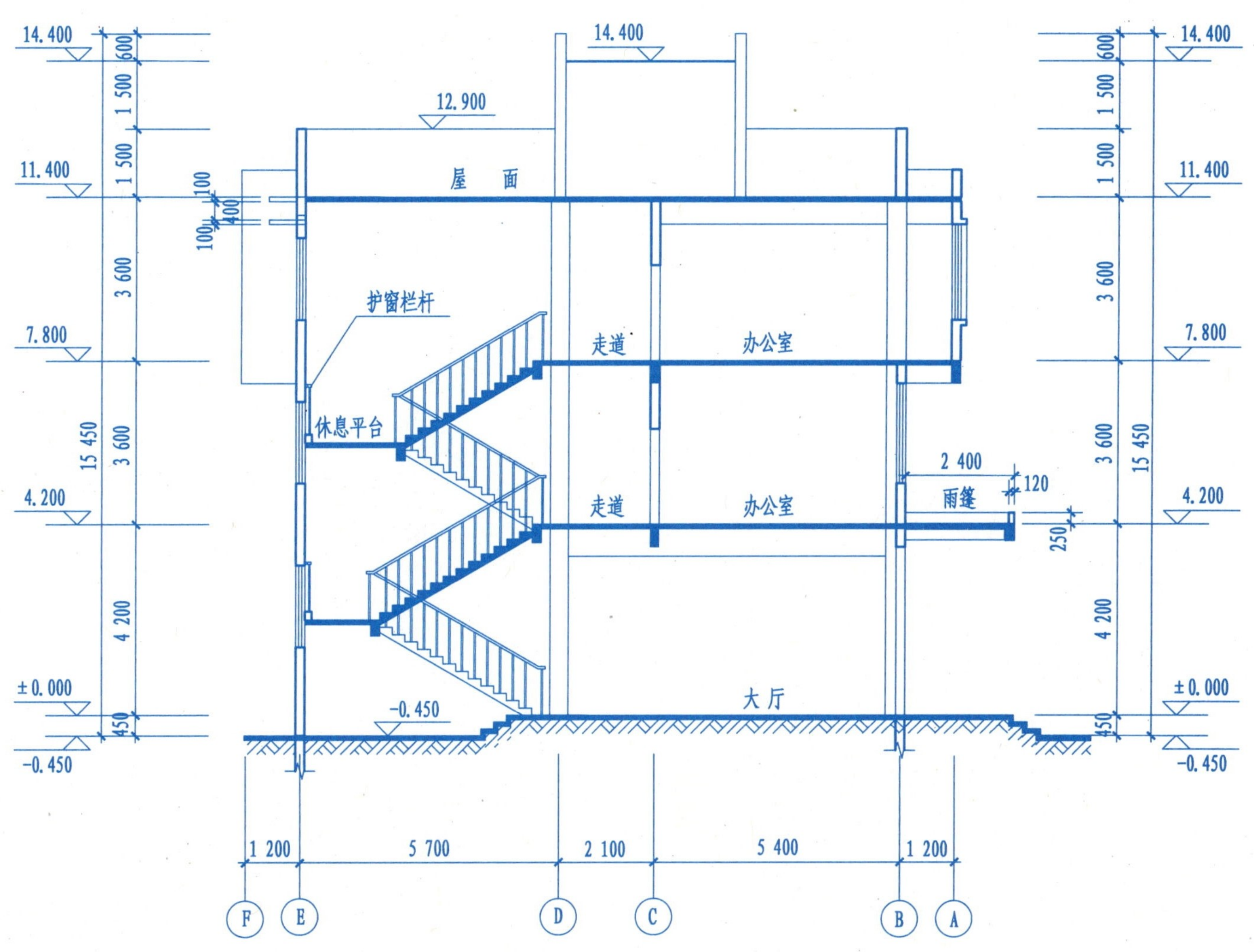

1—1剖面图 1:100

参考文献

[1] 陆叔华. 建筑制图与识图习题集[M]. 北京:高等教育出版社,2004.
[2] 于习法,周佶. 画法几何与土木工程制图习题集[M]. 南京:东南大学出版社,2010.
[3] 李瑞鸽,莫章金. 画法几何与建筑制图习题集[M]. 重庆:重庆大学出版社,2010.
[4] 中国建筑标准设计研究所. 混凝土结构施工图(03G101-1、03G101-2、03G101-4)[S]. 北京:中国建筑标准设计研究所,2003.
[5] 郭朝勇,路纯红. AutoCAD 2006 上机指导与练习[M]. 北京:电子工业出版社,2006.